RELATIVITY

相对论

The Special
and
the General Theory

[美] 爱因斯坦 著
A. Einstein

张卜天 译

商务印书馆
SINCE 1897　The Commercial Press

Albert Einstein

ÜBER DIE SPEZIELLE UND DIE

ALLGEMEINE RELATIVITÄTSTHEORIE

根据 Friedrich Vieweg & Sohn 出版公司 1969 年第 21 版译出

果麦文化 出品

前　言

　　本书旨在让那些从一般科学和哲学的角度对相对论有兴趣而又没有掌握理论物理的数学工具的读者能够尽可能确切地理解相对论。本书假定读者已具备相当于大学入学的知识水平，而且尽管本书篇幅不长，读者仍须付出相当大的耐心和毅力。作者力求尽可能清晰和简单地介绍相对论的主要思想，并且大体上按照这些思想实际发生的顺序和联系来叙述。为清晰起见，我不得不经常有所重复，而不去顾及叙述是否优雅。我谨守卓越的理论物理学家玻耳兹曼（L. Boltzmann）的格言，认为是否优雅的问题应当留给裁缝和鞋匠去考虑。但我不敢说如此已为读者消除了相对论中固有的困难。另一方面，我有意以一种"继母"的方式来处理相对论的经验物理基础，以便不熟悉物理学的读者不致感到像一个只见树木不见森林的漫游者。愿读者阅读本书时能够度过一段启发思考的愉快时光！

阿尔伯特·爱因斯坦

1916 年 12 月

目 录

第 一 部 分
狭义相对论

1 / 几何命题的物理意义   003

2 / 坐标系   006

3 / 经典力学中的空间和时间   009

4 / 伽利略坐标系   011

5 / 相对性原理（狭义）   012

6 / 符合经典力学的速度相加定理   015

7 / 光的传播定律与相对性原理表面上不相容　017

8 / 物理学中的时间概念　020

9 / 同时的相对性　024

10 / 距离概念的相对性　027

11 / 洛伦兹变换　029

12 / 运动中的量杆和钟的行为　034

13 / 速度相加定理　斐索实验　037

14 / 相对论的启发价值　041

15 / 狭义相对论的普遍结果　043

16 / 狭义相对论与经验　048

17 / 闵可夫斯基的四维空间　053

第 二 部 分

广义相对论

18 / 狭义与广义相对性原理　　　　　　　　　　059

19 / 引力场　　　　　　　　　　　　　　　　　063

20 / 惯性质量与引力质量相等作为广义相　　066
对性公设的一个论据

21 / 经典力学的基础和狭义相对论的基础　070
在哪些方面不能令人满意?

22 / 广义相对性原理的几个推论　　　　　072

23 / 转动的参照物上钟和量杆的行为   076

24 / 欧几里得连续区和非欧几里得连续区   080

25 / 高斯坐标   084

26 / 狭义相对论的空时连续区可以当作   088
欧几里得连续区

27 / 广义相对论的空时连续区不是欧几里得   090
连续区

28 / 广义相对性原理的严格表述   093

29 / 基于广义相对性原理解决引力问题   096

第 三 部 分

对整个宇宙的一些思考

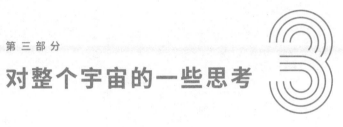

30 / 牛顿理论在宇宙论方面的困难 103

31 / 一个有限无界宇宙的可能性 105

32 / 以广义相对论为依据的空间结构 110

+ **附录**

1 / 洛伦兹变换的简单推导   115

2 / 闵可夫斯基的四维世界   122

3 / 对广义相对论的实验证实   124

4 / 与广义相对论相关联的空间结构   133

5 / 相对性与空间问题   135

第一部分

狭义相对论

1
几何命题的物理意义

+

亲爱的读者，您大概从小就已经熟悉了欧几里得几何学的宏伟大厦。回想起这座宏伟的建筑，您也许敬多于爱。在其高高的楼梯上，认真的教师曾使您在数不清的日子里疲于奔命。凭借您过去的经验，谁若是宣称这门科学中哪怕最冷僻的命题是不真实的，您一定会嗤之以鼻。但如果有人问"您说这些命题是真的，这究竟是什么意思呢"，您那种颇为得意的确定感或许会立刻消失。让我们考虑一下这个问题。

几何学从"平面""点"和"直线"等一些基本概念出发，我们能把大体上清晰的观念与这些概念联系起来；几何学还从一些简单的命题（公理）出发，基于这些观念，我们倾向于把这些命题（公理）当成"真的"接受下来。然后，根据我们感到不得不认为正当的一种逻辑方法，所有其余命题都可以追溯到这些公理，亦即得到证明。于是，只要一个命题可以通过公认的方法由公理推导出来，这个命题就是正确的或"真的"。这样，各个几何命题是否为"真"的问题就归结为公理是否为"真"的问题。但人们早已知道，后面这个问题不仅用几何学的方法无法解答，而且它本身就是毫无意义的。我们不能问"过两点只有**一条**直线"是否为真，而只能说，欧几里得几何学涉及一种被称为"直线"的形体，几何学赋予直线一种性质，即直线可由其上两点清楚地确定。"真"这个概念对于纯粹几何学的陈述是不适用的，因为我们习惯上总是用"真"这个词来指与一个"实在的"客体相符合；然而几何学并不涉及它所包含的概念与经验客体之间的关系，而只是涉及这些概念彼此之间的逻辑联系。

不难理解，为什么尽管如此我们还是感到不得不把几何命题称为"真的"。几何概念多多少少对应自然界中具有精确形状的客体，而这些客体无疑是产生这些概念的唯一根源。几何学应当放弃这样做，才能使其结构获得最大程度的逻辑一致性。例如，通过一个刚体上两个标明的位置来查看"距离"，这在我们的思维习惯中根深蒂固。如果适当地选择观察位置，用一只眼睛观察而能使三个点的视位置相互重合，我们也习惯于认为这三个点位于一条直线上。

现在，如果按照我们的思维习惯，在欧几里得几何学的命题中补充这样一个命题，即一个刚体上的两个点永远对应同一距离，而与物体可能发生的位置变化无关，那么欧几里得几何学的命题就可以归结为关于刚体的可能相对位置的命题。[1] 我们可以把做了如此补充的几何学当成物理学的一个分支来处理。现在我们可以合法地提出经过这样解释的几何命题是否为"真"的问题，因为我们可以问，对于被我们归入几何概念的那些实在的东西来说，这些命题是否适用。我们也可以不太精确地说，我们把此种意义上几何命题的"真"理解为该命题对于尺规作图的有效性。

　　当然，确信此种意义下的几何命题为"真"，仅仅是以极不完整的经验为基础的。我们先假定几何命题为真，然后在最后一个部分（在讨论广义相对论时）会看到，这种真在何种程度上是有限度的。

1　因此，一个自然物也与一条直线相联系。设 A、B、C 是一个刚体上的三个点，如果给定 A 点和 C 点，选择 B 点使距离 AB 与 BC 之和最小，则这三点位于一条直线上。对于我们目前的讨论来说，这一不完整的提法是足够的。

2

+

坐标系

根据上述对距离的物理解释，我们也能在测量的基础上确定一个刚体上两点间的距离。为此，我们需要有一个始终可用作测量标准的"距离"（杆 S）。设 A 和 B 是一个刚体上的两点，我们可以根据几何学规则用一条直线将两点连接起来：然后从 A 开始，一次次标定距离 S，一直到 B。此操作的重复次数就是距离 AB 的尺寸，这是一切长度测量的基础。[1]

描述某个事件或物体的空间位置，都是以在一个刚体（参照物）上标定与该事件或物体相重合的点为根据的。这不仅适用于科学描述，而且适用于日常生活。比如分析一下"柏林波茨坦广场"这一位置标记，我会得出以下结果。地球是该位置标记所参照的刚体；"柏林波茨坦广场"是地球上业

---

1 这里假定测量无余数，即测量结果是一个整数。我们可以用一个带有分刻度的量杆来摆脱这一困难，引入这种量杆并不要求有任何全新的方法。

已标明的、配有名称的一点，事件在空间上与该点重合。[1]

这种标记位置的原始方法只适用于刚体表面上的位置，而且只有当刚体表面上存在着可区分的各个点时才能使用这种方法。但我们可以摆脱这两种限制，而不改变位置标记的本质。比如波茨坦广场上空飘着一朵云，我们可以在波茨坦广场上垂直竖起一根长竿直抵这朵云，以确定这朵云相对于地球表面的位置。用标准量杆测量出这根竿的长度，再结合这根竿底端的位置标记，我们就获得了这朵云完整的位置标记。通过这个例子我们可以看出位置概念是如何得到改进的。

（1）我们将位置标记所参照的刚体加以延伸，使之到达有待确定位置的物体。

（2）确定物体位置时，我们使用一个**数**（这里是指用量杆量出的竿长），而不使用选定的参考点。

（3）即使未把抵达云端的竿竖立起来，我们也可以谈及云的高度。我们从地面上各个地方对云进行光学观测，并考虑光的传播特性，就能确定竿需要多长才能抵达云端。

从以上论述可以看出，如果在描述位置时能够使用测量数值，而不必考虑在刚性参照物上是否存在着（具有名称的）标定的位置，那会比较方便。通过应用笛卡尔坐标系，测量

---

1 这里无需对"在空间上重合"的含义作进一步研究；这个概念足够清楚，对其在实际情况下是否适当，不大会产生意见分歧。

物理学达到了这个目的。

笛卡尔坐标系包含三个相互垂直的平面，这三个平面与一个刚体牢固地连在一起。任何事件相对于坐标系的地点（本质上）通过从事件地点向三个平面所作垂线的长度或坐标（x，y，z）来描述。这三条垂线的长度可以按照欧几里得几何学所确立的规则和方法用刚性量杆经过一系列操作来确定。

实际上，构成坐标系的刚性平面一般来说是没有的；此外，坐标并非真是通过刚性量杆结构确定的，而是用间接方法确定的。要使物理学和天文学的结果保持其清晰性，就必须始终依照上述思考来寻求位置标记的物理意义。[1]

由此可以得到以下结果：对事件的任何空间描述都要使用一个刚体作为事件的空间参照。所得出的关系假定了欧几里得几何学的定理适用于"距离"，而"距离"在物理上由一个刚体上的两个标记来表示。

1　在本书第二部分开始讨论广义相对论之前，还不需要对这些看法加以完善和修改。

3

经典力学中的空间和时间

如果我未经认真思考和详细解释就把力学的任务表述为"力学旨在描述物体在空间中的位置如何随时间而改变",那么我的良心会因为违背了清晰性的神圣精神而背负深重的罪孽。让我们来揭示这些罪孽。

这里的"位置"和"空间"应当如何理解是不清楚的。假定有一列火车正在匀速行驶,我站在车窗前把一块石头丢到路基上(而不是将其抛出)。那么,如果不计空气阻力的影响,我会看到石头沿直线下落。而在人行道上观察这一不端行为的行人则看到,石头沿抛物线落到了地面上。现在我问:石头经过的各个"位置""究竟"是在一条直线上还是在一条抛物线上?此外,这里所谓的"在空间中"运动是什么意思呢?根据第2节的论述,回答是自明的。首先,让我们完全避开"空间"这个模糊的字眼,我们必须老实承认,对于

"空间"，我们无法做任何思考；因此我们代之以"相对于一个刚性参照物的运动"。关于相对于参照物（火车车厢或铁路路基）的位置，前面几节已经做了详细定义。如果引入"坐标系"这个有利于数学描述的概念来代替"参照物"，我们就可以说，石头相对于与车厢牢固连接在一起的坐标系走过了一条直线，相对于与地面牢固连接在一起的坐标系走过了一条抛物线。由这个例子可以清楚地看出，并不存在轨线[1]本身，只存在相对于特定参照物的轨线。

　　要想对运动做出**完整**描述，我们必须指明物体如何**随时间**改变位置，即物体在什么时刻位于轨线上的每一个点上。必须补充一种时间定义才能使这些说明变得完整，根据这种定义，这些时间值可以被看作本质上可观测的量（即测量结果）。如果基于经典力学的观点，我们针对此例子可以用如下方式满足此要求。设想有两个构造完全相同的钟，站在车厢窗口的人和站在人行道上的人各拿一个。两人各自按照自己所持时钟的滴答声来确定石头相对于其参照物所处的位置。这里我们没有考虑因光的传播速度有限而导致的不准确性。关于这一点以及这里的另一个主要困难，我们将在以后详细讨论。

1　即物体沿着运动的曲线。

4
伽利略坐标系

众所周知，伽利略-牛顿力学的基本定律（即所谓的惯性定律）可以表述如下：一个与其他物体足够远的物体保持静止状态或匀速直线运动状态。该定律不仅谈到了物体的运动，而且谈到了力学所允许的、可用于力学描述的参照物或坐标系。相对于可见的恒星，惯性定律无疑能在相当高的近似程度上成立。如果现在我们使用一个与地球牢固连接在一起的坐标系，那么相对于这个坐标系，每一颗恒星在一（天文）日当中都会描出一个巨大半径的圆，此结果与惯性定律的说法是矛盾的。因此，要想坚持这个定律，我们只能参照恒星在其中不做圆周运动的坐标系来考察物体的运动。如果某个坐标系的运动状态使惯性定律适用于该坐标系，我们就把该坐标系称为"伽利略坐标系"。只有相对于一个伽利略坐标系，伽利略-牛顿力学的诸定律才是有效的。

5

相对性原理（狭义）

　　为使论述尽可能的清晰，我们回到那个匀速行驶的火车车厢的例子。我们把它的运动称为一种匀速平移（称为"匀速"是因为速率和方向是恒定的，称为"平移"是因为虽然车厢相对于路基改变了位置，但在此过程中并无转动）。设想一只乌鸦从空中飞过，从路基上看它做的是匀速直线运动，那么从行驶的车厢上看，乌鸦虽然是以另一种速率和方向在飞行，但仍然是匀速直线运动。抽象地说：若质量 m 相对于坐标系 K 做匀速直线运动，那么只要第二个坐标系 K' 相对于 K 做匀速平移运动，该质量相对于 K' 亦做匀速直线运动。根据上节论述，由此可以推出：

　　若 K 为伽利略坐标系，则其他任何相对于 K 做匀速平移运动的坐标系 K' 亦为伽利略坐标系。和相对于 K 一样，伽利略-牛顿力学定律相对于 K' 也成立。

我们做如下更进一步推广：如果 K' 是一个相对于 K 做匀速运动而无转动的坐标系，那么自然现象相对于坐标系 K' 的发展所遵循的普遍定律将与相对于坐标系 K 相同。我们把这一陈述称为"相对性原理"（狭义）。

只要确信一切自然现象都能借助于经典力学来表述，就没有必要怀疑这一相对性原理的有效性。然而随着电动力学和光学的新近发展，人们越来越清楚地看到，经典力学不足以充当一切自然现象的物理描述的基础。到这个时候，讨论相对性原理的有效性问题的时机已经成熟，而且对这个问题给出否定的回答并不是不可能的。

不过有两个一般事实从一开始就非常有利于相对性原理的有效性。即使经典力学没有为**一切**物理现象的理论表述提供足够广泛的基础，我们也必须承认它包含着相当程度的真理内容，因为经典力学对实际天体运动的描述惊人地准确。因此，相对性原理在**力学**领域中的应用必然达到了很高的准确度。然而一条具有如此普遍性的原理，在一个现象领域有如此之高的准确度，而在另一个现象领域居然会无效，这从先验的角度看是不大可能的。

第二个证据如下，我们以后还会回到它。如果相对性原理（狭义）不成立，那么相对于彼此做匀速运动的 K、K'、K'' 等伽利略坐标系对描述自然现象就不是**等价的**。于是我们只能认为自然定律能以一种特别简单的方式表述出来，而且当然只有当我们已从所有伽利略坐标系中选定了一个具有特殊运动状态的坐标系（K_0）作为参照物时才能这样表述。然后，我们就有理由（因为这个坐标系对描述自然现象具有优势）称此坐标系为"绝对静止的"，而所有其他伽利略坐标系 K 都是"运动的"。例如，倘若铁路路基是坐标系 K_0，那么我们的火车车厢就是坐标系 K，相对于坐标系 K 成立的定律将不如相对于坐标系 K_0 成立的定律那样简单。这种较少的简单性缘于车厢 K 相对于 K_0（亦即"真正"）在运动。在相对于 K 所表述的普遍自然定律中，车厢速度的大小和方向必然会起作用。例如我们可以预料，一个风琴管当它的轴平行于运动方向时发出的音将不同于它的轴垂直于运动方向时发出的音。由于我们的地球正在围绕太阳运转，我们可以把地球比作以每秒大约 30 千米的速度行驶的火车车厢。倘若相对性原理不再有效，我们就应该预料到，地球在任一时刻的运动方向将会在自然定律中表现出来，而且物理系统的行为将与其相对于地球的空间方向有关。由于地球公转速度方向一年中会发生变化，地球相对于假设的坐标系 K_0 不可能全年处于静止状态。然而，即使最仔细的观察也从未显示出地球物理空间具有这种各向异性（即不同方向具有物理不等价性）。这是支持相对性原理的一个非常强有力的证据。

6

$+$

符合经典力学的速度相加定理

　　假定我们多次提到的火车车厢在铁轨上以恒定速度 v 行驶，车厢里有个人沿车厢行驶方向以速度 w 走过整个车厢。那么在此过程中，这个人相对于路基前进得有多快，也就是以多大的速度 W 前进呢？唯一可能的回答似乎源于以下考虑：

　　倘若这个人站住不动一秒钟，那么在这一秒钟内他就相对于路基前进了与车厢速度相等的距离 v。而实际上他还要相对于车厢向前走动，也就是在这一秒钟内他又相对于路基走了一段距离 w，该距离等于他在车厢里走动的速度。因此，在这一秒钟内他总共相对于路基走了距离

$$W = v + w$$

我们以后会看到，对符合经典力学的速度相加定理的这一表述是不能坚持的，也就是说，我们刚才写下的这个定律实际上是不成立的。但我们先暂时假定它是正确的。

7

+

光的传播定律与相对性原理表面上不相容

物理学中几乎没有比光在真空中的传播定律更简单的定律了。学校里的每一个孩子都知道或者相信自己知道，光在真空中以 c=300 000 千米 / 秒的速度沿直线传播。无论如何，我们更确切地知道，这个速度对所有颜色的光线都是一样的。若非如此，当一颗恒星被其黑暗的伴星所掩食时，其不同颜色光线的最小发射量就不可能同时观测到。根据对双星的观测，荷兰天文学家德西特（De Sitter）也基于类似的考虑表明，光的传播速度不可能依赖于发光物体的运动速度。认为光的传播速度与光"在空间中"的方向有关，这一假定本身不大可能成立。

简而言之，我们可以认为，学校里的孩子有充分的理由相信光（在真空中）以恒定速度 c 传播这一简单定律。谁会想到，这个简单的定律竟然会使认真思考的物理学家陷入极大的思想困难呢？让我们看看这些困难是如何产生的。

当然，我们必须参照一个刚体（坐标系）来描述光的传播过程（以及所有其他过程）。为此我们再次选取路基作为这种参照系。我们设想路基上方的空气已经抽去。如果沿着路基发出一束光线，则光线前端将以相对于路基的速度 c 传播。现在仍然假定我们的火车车厢以速度 v 在铁轨上行驶，行驶方向与光线的方向相同，速度当然要比光速小得多。现在我们问，此光线相对于车厢的传播速度是多少。显然，这里可以运用前一节的思考，因为光线在这里扮演了相对于车厢走动的人的角色。人相对于路基的速度 W 在这里被代之以光相对于路基的速度 c，设 w 是所求的光相对于车厢的速度，则有：

$$w = c - v$$

于是光线相对于车厢的传播速度比 c 要小。

但这个结果与第 5 节阐述的相对性原理是相冲突的。因为根据相对性原理，真空中光的传播定律就像所有其他普遍自然定律，不论是以车厢作为参照物还是以铁轨作为参照物，都必须是一样的。然而根据我们先前的论述，这似乎是不可能的。如果所有光线相对于路基都以速度 c 传播，那么因此之故，光相对于车厢的传播定律似乎就必然是另一条定律——这与相对性原理相矛盾。

由于这种两难困境，我们似乎只能或者放弃相对性原理，或者放弃简单的真空中光的传播定律。认真阅读了前面论述的读者几乎肯定会认为应当保留相对性原理，因为相对性原理非常自然和简单，对思想来说几乎无法抗拒。于是，必须用一条能与相对性原理一致的更复杂的定律来取代真空中光的传播定律。但理论物理学的发展表明这条路是走不通的。洛伦兹关于运动物体的电动力学和光学现象的开拓性的理论研究表明，这些领域中的经验必然会导出一种电磁现象理论，真空中光速恒定定律正是该理论的必然推论。因此，尽管未曾发现与相对性原理相矛盾的经验事实，一些著名的理论物理学家还是倾向于放弃相对性原理。

相对论正是从这里开始的。通过分析时间和空间这些物理概念，它表明，**相对性原理和光的传播定律其实绝非不相容**，如果系统地坚持这两条定律，我们便可能得出一种逻辑上无可争辩的理论。这种理论被称为"狭义相对论"，以区别于我们将在后面讨论的推广的理论。接下来我们就来阐述狭义相对论的基本想法。

8

+

物理学中的时间概念

在我们的铁路路基上有彼此远离的两处 A 和 B，雷电击中了铁轨。我再补充一句断言，这两处雷击是**同时**发生的。亲爱的读者，如果我现在问你这句话是否有意义，你会坚定地回答说"有"。但是，如果我请你更确切地解释一下这句话的意义，经过一番思考，你会发现这个问题并不像初看起来那样容易回答。

一番思考过后，你或许会想出如下回答："这句话的意义本来就很清楚，无需另作解释；当然，如果要我通过观测来确定在实际情况下这两个事件是否同时发生，我就需要考虑考虑。"对于这个回答我并不能满意，理由如下。假定有一位能干的气象学家经过敏锐的思考发现，闪电必然总是同时击中 A 处和 B 处，那么我们将面临一项任务，即检验该理论结果是否符合实际。一切物理陈述，只要"同时"概念在其中发挥作用，都有类似的问题。对物理学家而言，只有当他有可能查明一个概念在具体情形中是否恰当，这个概念才是存在的。因此我们需要有一个同时性的定义，它能给出一种方法，使本例中的物理学家能够通过实验判定那两处雷击是否同时发生。假如这个要求还未得到满足，我就认为我能够赋予同时性这个说法以某种意义，那么作为一个物理学家（当然，不是物理学家也一样），这就是自欺欺人。（请读者完全承认这一点后再往下读。）

经过一段时间的思考，你提出以下建议来确定同时性。沿着铁轨量出连线 AB 的长度，然后把一位观察者置于距离 AB 的中点 M 处，这位观察者应配备有一种装置（例如彼此成 90 度的两面镜子），使他能在同一时间看到 A 处和 B 处。如果他能同时看到这两个雷击，那么这两个雷击必定是同时的。

对于这个建议我感到非常满意，但我仍然不能认为事情已经完全弄清楚，因为我感到不得不提出以下反驳："如果我已经知道，把对雷击的知觉传给 M 处观察者的光从 A 传到 M 的速度与从 B 传到 M 的速度是相同的，那么你的定义当然是对的。然而，要想对这一假定进行验证，必须已经掌握了时间测量方法。因此，我们似乎陷入了一个逻辑循环。"

又考虑了一段时间，你轻蔑地瞟了我一眼（这是无可厚非的），向我解释道："尽管如此我仍然坚持我先前的定义，因为它对光实际上没有做任何假定。对同时性的定义只有一个要求，那就是在每一种实际情况下，它必须能为我们提供一种经验方法，以判定有待定义的概念是否被实现。我的定义无疑满足了这个要求。光从 A 传到 M 与从 B 传到 M 需要同样的时间，这实际上并不是关于光的物理本性的**假定或假说**，而是为了得出同时性的定义我根据自由判断所能做出的一种**规定**。"

显然，这个定义不仅能对两个事件的同时性，而且能对任意多个事件的同时性给出确切的意义，无论事件的发生地相对于参照物（这里是铁路路基）的位置如何。[1] 由此我们也可以得出一种物理学中的"时间"定义。为此，我们设想把构造完全相同的钟放在铁轨（坐标系）的 A、B、C 诸点上，并校准它们，使其指针同时（在上述意义上来理解）指向相同的位置。于是，我们可以把一个事件的"时间"理解为放置在该事件（空间）最邻近处的那个钟的时间读数（指针位置）。这样一来，任何原则上可观测的事件都有一个时间值与之对应。

1　我们进一步假定，如果有三个事件 A、B、C 在不同地点以下列方式发生，即 A 与 B 同时，B 与 C 同时（按照上述定义来理解同时），则 A-C 这两个事件的同时性的判据就得到了满足。这个假定是关于光的传播定律的一个物理假说；如果有可能坚持真空中光速恒定定律，该假定必然能够满足。

这一规定还包含着另一个物理学假说，如果没有相反的经验证据，该假说的正确性几乎不会被质疑，即人们假定，如果所有这些钟的构造完全一样，它们就会走得"同样快"。更确切地说：如果这样校准静止于参照物不同位置的两个钟，使其中一个钟的指针指着某一**特定**位置的**同时**（按照上述意义来理解），另一个钟的指针也指着**相同**的位置，那么相同的指针位置就总是同时的（按照上述定义来理解）。

9
同时的相对性

到目前为止，我们一直是参照被我们称为"铁路路基"的特定参照物进行思考的。假定现在有一列很长的火车以恒定速度 v 沿着图 1 所标明的方向行驶。乘坐这列火车的人可以方便地把火车当作刚性参照物（坐标系），参照火车来考察所有事件。于是，沿铁路发生的每一个事件也在火车的某一特定点上发生。而且和相对于路基给出的同时性定义完全一样，我们也可以相对于火车给出同时性的定义。但现在自然产生了如下问题：

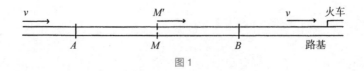

图 1

相对于铁路路基是同时的两个事件（例如 A 和 B 的两处

雷击），**相对于火车**也是同时的吗？我们马上就会表明，回答必然是否定的。

我们说 A、B 两处雷击相对于路基而言是同时的，我们的意思是指：从 A、B 两雷击处发出的光线在路基距离 A—B 的中点 M 相遇。但事件 A 和 B 也对应于火车上的位置 A 和 B。设 M' 为行驶火车上距离 A—B 的中点。虽然雷击发生时[1]点 M' 与点 M 重合，但如图所示，点 M' 以火车的速度 v 向右移动。倘若坐在火车 M' 处的一个观察者并不具有这个速度，那么他将总是停在 M 点，从雷击 A 和 B 发出的光线将同时到达他这里，也就是说两条光线正好在他这里相遇。然而实际上（从路基上判断），这个观察者正在迎着来自 B 的光线快速行进，同时也先于来自 A 的光线向前行进。因此这个观察者将先看见从 B 发出的光线，后看见从 A 发出的光线。于是，以列车为参照物的观察者必然得出结论说，雷击 B 先于雷击 A 发生。这样我们就得出了以下重要结果：

相对于路基是同时的若干事件，相对于火车并不是同时的，反之亦然（同时的相对性）。每一个参照物（坐标系）都有其特殊时间；只有被告知时间陈述是相对于哪一个参照物的，时间陈述才有意义。

1　从路基上判断。

相对论创立之前，物理学一直隐含地假定，时间陈述有一种绝对的意义，即时间陈述与参照物的运动状态无关。但我们已经看到，这一假定与最自然的同时性定义是不相容的；如果抛弃这个假定，第 7 节中讨论的真空中光的传播定律与相对性原理之间的冲突便消失了。

这一冲突源自第 6 节的思考，这些思考现在已经站不住脚了。我们曾在那一节断言，如果车厢里的人相对于车厢在**一秒钟内**走过距离 w，那么他在**一秒钟内**相对于路基也会走过相同的距离。但是根据以上论述，绝不能认为相对于车厢发生某一特定事件所需的时间就一定等于以路基为参照物判断发生同一事件所需的时间。因此我们不能断言，在车厢里走动的人相对于铁轨走距离 w 所需的时间从路基上判断等于一秒钟。

此外，第 6 节的思考还基于另一个假定。严格说来，这个假定是任意的，尽管在相对论创立之前，该假定一直被默认。

10
距离概念的相对性

考虑以速度 v 沿路基行驶的火车上两个特定的点，[1] 现在我们要问这两个点之间的距离。我们已经知道，测量一段距离需要有一个参照物，距离正是相对于它被测量出来的。最简单的办法是利用火车本身作为参照物（坐标系）。火车上的观察者是这样测量这段距离的，他用量杆沿直线（例如车厢地板）一次次量下去，直到从一个标定的点量到另一个标定的点。于是，用量杆量取的次数就是所求的距离。

如果从铁轨上来判断这段距离，那就是另一回事了。可以使用如下方法。我们把火车上两个距离待定的点称为 A' 和 B'，则这两个点正在以速度 v 沿着路基运动。我们先要确定路基上的两个点 A 和 B，使其在一特定时刻 t（从路基上判

1　比如第 1 节车厢的中点和第 100 节车厢的中点。

断）恰好为 A' 和 B' 所经过。路基上的 A 点和 B 点可以通过运用第 8 节所给出的时间定义来确定，然后 A 点和 B 点的距离可以用量杆沿着路基一次次地量出来。

我们绝不能先验地肯定后一测量的结果会与前一次在火车车厢中测量的结果完全相同。因此，在路基上量出的火车长度可能不同于在火车上量出的火车长度。这种情况对第 6 节中似乎如此显然的论述提出了第二条反驳，那就是，如果车厢中的人在单位时间内（**在火车上测量**）走了距离 w，那么这段距离**在路基上测量**并不一定也等于 w。

11
洛伦兹变换

＋

以上三节的思考表明，光的传播定律与相对性原理之所以表面上不相容（第 7 节），是因为从经典力学中借用了两个毫无根据的假说。这两个假说是：

1. 两个事件的时间间隔与参照物的运动状态无关。

2. 一个刚体上两点的空间间隔与参照物的运动状态无关。

如果舍弃这两个假说，第 7 节中的两难就会消失，因为第 6 节导出的速度相加定理此时不再有效。真空中光的传播定律与相对性原理有可能是相容的，于是就产生了问题：我们应当如何修改第 6 节的论述才能消除这两个基本经验结果之间的表面冲突呢？这个问题引出了一个一般问题。在第 6 节的讨论中，我们既相对于火车又相对于路基来谈地点和时间。如果已知某个事件相对于路基的地点和时间，如何求出该事件相对于火车的地点和时间呢？对于这个问题，我们能否想出一种回答，使得真空中光的传播定律与相对性原理不再相互冲突？换句话说，我们能否设想各事件相对于两个参照物的地点、时间之间存在着这样一种关系，使得每一条光线**无论**相对于路基还是相对于火车，其传播速度都是 c 呢？这个问题得到了一个十分明确的肯定回答，并且导出了一个完全确定的变换定律，可以把事件的空-时量从一个参照物变换到另一个参照物。

在讨论这一点之前，我们先做以下思考。到目前为止，我们只考虑了沿路基发生的事件，必须认为此路基在数学上起一条直线的作用。但如第 2 节所述，我们可以设想用一个杆架对此参照物沿横向和竖向进行延伸，以便相对此杆架对某处发生的事件进行定位。同样，我们可以设想以速度 v 行驶的火车通过整个空间，使无论多么远的事件都可以参照第二个杆架来定位。我们不必考虑这些杆架实际上是否会因为固体的不可入性而不断相互干扰，因为这不会导致什么原则性的错误。我们可以设想在每一个这样的杆架中标出三个互相垂直的面，称之为"坐标平面"（"坐标系"）。于是，坐标系 K 对应于路基，坐标系 K' 对应于火车。一个事件无论发生在何处，它相对于 K 的空间位置均可由坐标平面上的三条垂线 x, y, z 来确定，时间位置则由时间值 t 来确定。相对于 K'，**同一事件**的空间和时间位置将由相应的值 x', y',

z'，t' 来确定，这些值当然与 x，y，z，t 并不相同。关于如何将这些量值理解成物理测量的结果，我们已经做了详细解释。

　　显然，我们的问题可以精确表述如下。如果某个事件相对于 K 的 x，y，z，t 诸值已经给定，那么该事件相对于 K' 的 x'，y'，z'，t' 诸值为多少？在选择关系式时，无论是相对于 K **还是**相对于 K'，对同一条光线（即对每一条光线）而言，真空中光的传播定律都必须满足。若这两个坐标系在空间中的相对取向如图 2 所示，则这个问题可以通过以下方程来解决：

$$x' = \frac{x - vt}{\sqrt{1 - \dfrac{v^2}{c^2}}}$$

$$y' = y$$

$$z' = z$$

$$t' = \frac{t - \dfrac{v}{c^2} \cdot x}{\sqrt{1 - \dfrac{v^2}{c^2}}}$$

此方程组被称为"洛伦兹变换"。[1]

1　洛伦兹变换的简单推导见附录 1。

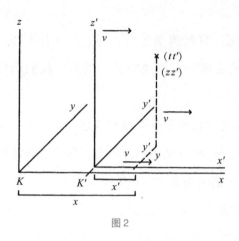

图 2

　　然而，如果我们不是根据光的传播定律，而是根据旧力学默认的假定，即时间和长度具有绝对性，那么我们就不会得到上述变换方程，而会得到以下方程：

$$x' = x - vt$$
$$y' = y$$
$$z' = z$$
$$t' = t$$

此方程组常常被称为"伽利略变换"。在洛伦兹变换中，如果用无穷大值替换光速 c，就可以得到伽利略变换。

　　通过下面这个例子很容易看到，根据洛伦兹变换，真空中光的传播定律对参照物 K 和参照物 K' 都满足。例如，沿正

x 轴方向发出一个光信号，它按照下列方程前进

$$x = ct$$

亦即以速度 c 前进。根据洛伦兹变换方程，x 与 t 之间的这个简单关系决定了 x' 与 t' 之间的关系。事实上，在洛伦兹变换的第一和第四方程中用值 ct 代替 x，我们就得到：

$$x' = \frac{(c-v)t}{\sqrt{1-\frac{v^2}{c^2}}}$$

$$t' = \frac{(1-\frac{v}{c})t}{\sqrt{1-\frac{v^2}{c^2}}}$$

两式相除可得

$$x' = ct'$$

如果相对于参照系 K'，则光的传播依此方程进行。于是，光相对于参照物 K' 的传播速度也等于 c。对沿任一其他方向传播的光线也能得到同样的结果。当然这不足为奇，因为洛伦兹变换方程就是依据这种观点推导出来的。

12
运动中的量杆和钟的行为

我把一根米尺置于 K' 的 x' 轴，令其始端与点 $x'=0$ 重合，末端与点 $x'=1$ 重合。那么该米尺相对于参照系 K 的长度是多少？要回答这个问题，我们只需问，在参照系 K 的某一时刻 t，米尺的始端和末端相对于 K 处于什么位置。根据洛伦兹变换的第一个方程，这两个点在 $t=0$ 时位于

$$x_{(\text{米尺始端})} = 0\sqrt{1-\frac{v^2}{c^2}}$$

$$x_{(\text{米尺末端})} = 1\sqrt{1-\frac{v^2}{c^2}}$$

两点间的距离为 $\sqrt{1-\dfrac{v^2}{c^2}}$。但米尺相对于 K 以速度 v 运动。于是，沿长度方向以速度 v 运动的刚性米尺的长度为 $\sqrt{1-\dfrac{v^2}{c^2}}$

米。因此，刚性米尺在运动时要比处于静止状态时更短，而且运动越快就越短。当速度 $v=c$ 时，$\sqrt{1-\dfrac{v^2}{c^2}}=0$，对于更大的速度，此平方根就成了虚的。由此可得，在相对论中，速度 c 扮演着极限速度的角色，任何实际物体都不可能达到或超过这个速度。

顺便说一句，速度 c 作为极限速度的这个角色由洛伦兹变换方程也可以清楚地看到。因为如果选择的 v 大于 c，这些方程就没有意义。

反过来，如果考察的是一根相对于 K 静止在 x 轴上的米尺，我们就会发现，从 K' 去判断时米尺的长度为 $\sqrt{1-\dfrac{v^2}{c^2}}$。这与我们的考察所基于的相对性原理完全符合。

先验地看，我们必定能够根据变换方程对量杆和钟的物理行为有所了解，因为 x，y，z，t 这些量恰恰是用量杆和钟所能得到的测量结果。如果以伽利略变换为基础，我们就不会得出量杆因运动而收缩的结果。

我们现在考虑一个始终静止于 K' 原点（$x'=0$）的按秒报时的钟。$t'=0$ 和 $t'=1$ 对应于该钟相继的两次滴答声。对于这两次滴答声，洛伦兹变换的第一和第四方程给出：

$$t=0$$

和

$$t = \frac{1}{\sqrt{1-\frac{v^2}{c^2}}}$$

从 K 去判断，该钟以速度 v 运动；从这个参照物判断，该钟两次滴答声的时间间隔不是 1 秒，而是 $\frac{1}{\sqrt{1-\frac{v^2}{c^2}}}$ 秒，亦即比 1 秒钟长一些。钟因其运动而比静止时走得慢。这里速度 c 也扮演着一种不可达到的极限速度的角色。

13

+

速度相加定理　斐索实验

在现实中，钟和量杆所能达到的运动速度远远小于光速 c，因此我们几乎不可能将上一节的结果与现实直接比较。但另一方面，这些结果必定使读者感到很奇怪，因此我要从该理论得出另一个推论，它很容易从前面的论述中推导出来，而且已经得到了出色的实验证实。

我们在第 6 节导出了同向速度的相加定理，其形式可由经典力学的假说推出。该定理也很容易从伽利略变换（第 11 节）推导出来。我们引入相对于坐标系 K' 按照下列方程运动的一个点来代替在车厢中走动的人

$$x' = wt'$$

通过伽利略变换的第一和第四方程，我们可以用 x 和 t 来表示

x' 和 t'，于是得到

$$x = (v+w)\,t$$

此方程所表示的正是该点相对于坐标系 K（人相对于路基）的运动定律。和在第 6 节一样，我们用 W 表示这个速度，于是得到

$$W = v + w \qquad\qquad (\text{A})$$

但我们也可以基于相对论进行这些思考。在方程

$$x' = wt'$$

中，利用洛伦兹变换的第一和第四方程，我们必须用 x 和 t 来表示 x' 和 t'。于是我们得到的不是方程（A），而是方程

$$W = \frac{v + w}{1 + \dfrac{vw}{c^2}} \qquad\qquad (\text{B})$$

这个方程对应于根据相对论的同向速度相加定理。现在的问题是，这两个定理中哪一个经得起经验检验。关于这一点，

天才的物理学家斐索（Fizeau）在半个多世纪以前所做的一个极为重要的实验可以给我们以启发。后来，一些非常优秀的实验物理学家重复过这个实验，因此它的结果是无可置疑的。该实验涉及以下问题。光以特定速度 w 在一种静止的液体中传播。现在，如果上述液体以速度 v 在管内流动，那么光在管内沿图中箭头方向的传播速度有多快呢？

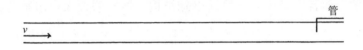

图3

根据相对性原理，我们必须认为光**相对于液体**总是以相同的速度 w 传播的，不论该液体相对于其他物体是否运动。于是光相对于液体的速度和液体相对于管的速度为已知，需要求出光相对于管的速度。

显然，我们这里又面临着第6节的问题。管相当于路基或坐标系 K，液体相当于车厢或坐标系 K'，而光相当于在车厢中走动的人或本节中所说的运动点。于是，如果用 W 表示光相对于管的速度，则 W 应由方程（A）或方程（B）给出，视伽利略变换符合实际还是洛伦兹变换符合实际而定。

实验[1]支持由相对论推出的方程（B），而且非常精确。根据塞曼（Zeeman）最近所做的极为出色的测量，液体流速 v 对光的传播的影响的确可以用公式（B）来表示，其误差小于1%。

但我们必须强调，早在相对论提出之前，洛伦兹就已经提出了一种关于此现象的理论。该理论纯粹是电动力学性质的，而且是运用关于物质电磁结构的特定假说而得出来的。但这种情况丝毫没有减弱该实验作为支持相对论的判决性实验的证明力，因为原有理论所基于的麦克斯韦–洛伦兹电动力学与相对论毫无矛盾之处。毋宁说，相对论是由电动力学发展出来的，它异常简单地总结和概括了作为电动力学基础的之前相互独立的各个假说。

1　斐索发现 $W = w + v\ (1 - \dfrac{1}{n^2})$，其中 $n = \dfrac{c}{w}$ 是液体的折射率。另一方面，由于 $\dfrac{vw}{c^2}$ 与 1 相比很小，我们可以先用 $W = (w + v)\ (1 - \dfrac{vw}{c^2})$ 或同级近似 $W = w + v\ (1 - \dfrac{1}{n^2})$ 代替 (B)，后者与斐索的实验结果是相符的。

14

相对论的启发价值

+

前面各节的思路可概括如下。经验使我们确信，一方面相对性原理（狭义）是有效的，另一方面必须认为光在真空中的传播速度等于常数 c。把这两个假定结合起来，就可以得出构成自然过程诸事件的直角坐标 x, y, z 和时间 t 的变换定律，也就是说，给出的不是伽利略变换，而是与经典力学不同的洛伦兹变换。

在这一思路中，光的传播定律起了重要作用，根据我们的实际知识，有充分理由接受这个定律。然而一旦有了洛伦兹变换，我们就能把洛伦兹变换与相对性原理结合起来，将理论总结为：

任何普遍的自然定律都必须有如下性质，如果引入坐标系 K' 的新空时变量 x', y', z', t' 来代替原有坐标系 K 的空时变量 x, y, z, t，其中不带撇的量与带撇的量之间的数学关系由洛伦兹变换给出，则该定律会变成一条具有完全相同形式的定律。简而言之，**普遍的自然定律对于洛伦兹变换是协变的**。

这是相对论要求自然定律具有的一个明确的数学条件。因此在探索普遍自然定律的过程中，相对论是一种很有用的启发性辅助手段。倘若发现某个普遍自然定律不满足这个条件，则相对论的两条基本假定中至少有一条遭到了反驳。现在我们来看看迄今为止相对论表明了哪些普遍结果。

15

狭义相对论的普遍结果

由前面的论述可以清楚地看出，（狭义）相对论是由电动力学和光学发展出来的。在这些领域，狭义相对论并未对理论陈述做多少修改，但大大简化了理论结构，即定律的推导。而且比这重要得多的是，狭义相对论大大减少了理论所基于的独立假说的数目。它赋予了麦克斯韦-洛伦兹理论以一定程度的明证性，以至于即使没有得到实验的有力支持，麦克斯韦-洛伦兹理论也能为物理学家普遍接受。

经典力学需要经过修改才能与狭义相对论的要求相一致。但这种修改本质上只涉及高速运动的定律，物质的速度 v 与光速相比并不非常小。只有在电子和离子的情形中，我们才能遇到这种高速运动；对于其他运动，狭义相对论的结果与经典力学定律偏离极小，实际上不会被注意到。在开始讨论广义相对论之前，我们暂不考虑星体的运动。根据相对论，

一个质量为 m 的质点的动能不再能写成众所周知的

$$m\frac{v^2}{2}$$

而应写成

$$mc^2\left(\frac{1}{\sqrt{1-\dfrac{v^2}{c^2}}}-1\right)$$

当速度 v 趋近光速 c 时，此式趋于无穷大。因此，无论用于产生加速度的能量有多大，速度 v 必定总小于 c。将动能表示式展开成级数，即得

$$mc^2+m\frac{v^2}{2}+\frac{3}{8}m\frac{v^4}{c^2}+\cdots$$

如果 $\dfrac{v^2}{c^2}$ 与 1 相比很小，则上式第三项与第二项相比也总是很小，所以在经典力学中只考虑第二项。第一项 mc^2 不包含速度 v，所以当我们只涉及质点的能量如何依赖于速度时，这一项也不必考虑。我们后面会讨论其本质意义。

狭义相对论所导出的最重要的普遍结果与质量概念有关。相对论之前的物理学知晓两条具有基本重要性的守恒定律，

即能量守恒定律和质量守恒定律；这两条基本定律彼此之间
似乎是完全独立的。凭借相对论，它们已经融合成一个定律。
现在我们就来简要说明一下这种融合是如何实现的以及意味
着什么。

相对性原理要求，能量守恒定律不仅适用于一个坐标系
K，而且适用于每一个相对于 K（简言之，相对于每一个"伽
利略"坐标系）做匀速平移运动的坐标系 K'。与经典力学
不同，对这两个坐标系之间的过渡，起决定意义的是洛伦兹
变换。

经过较为简单的思考，从这些前提出发并结合麦克斯韦
电动力学的基本方程，我们可以得出以下结论：如果一个以
速度 v 运动的物体吸收了辐射能量 E_0，[1] 且在此过程中未改变
速度，则该物体增加的能量为

$$\frac{E_0}{\sqrt{1-\dfrac{v^2}{c^2}}}$$

考虑到上述动能表示式，所求的物体能量即为

1　E_0 是所吸收的能量，这是从与物体一起运动的坐标系判断的。

$$\frac{(m+\frac{E_0}{c^2})c^2}{\sqrt{1-\frac{v^2}{c^2}}}$$

　　这样一来，该物体就与一个质量为 $m+\frac{E_0}{c^2}$ 并以速度 v 运动的物体具有相同的能量。因此可以说：若一个物体吸收了能量 E_0，则其惯性质量增加 $\frac{E_0}{c^2}$；物体的惯性质量并非恒定，而是随物体的能量变化而变化。甚至可以把一个物体系统的惯性质量看成其能量的量度。一个系统的质量守恒定律与能量守恒定律成了同一个定律，而且质量守恒定律只有在该系统既不吸收能量也不释放能量的情况下才是有效的。如果把能量公式写成

$$\frac{mc^2+E_0}{\sqrt{1-\frac{v^2}{c^2}}}$$

就会看到，我们一直关注的形式 mc^2 只不过是物体在吸收能量 E_0 之前已经具有的能量。[1]

　　目前还不可能将这个关系式与实验直接进行比较，因为

1　从与物体一起运动的坐标系判断。

我们使一个系统发生的能量改变 E_0 还不能大到足以使系统惯性质量的改变被观察到。与能量改变之前的质量 m 相比，$\dfrac{E_0}{c^2}$ 太小了。正是由于这种情况，具有独立有效性的质量守恒定律才能成功确立起来。

　　最后我想再说几句原则性的话。通过传播速度有限的中间过程对电动力学超距作用所做的法拉第-麦克斯韦解释获得了成功，这使物理学家们确信，像牛顿万有引力定律那种非中介的瞬时超距作用是不存在的。根据相对论，我们总是用以光速传播的超距作用来替代瞬时超距作用，即有无限传播速度的超距作用。这与速度 c 在相对论中所起的原则性作用有关。在本书第二部分我们将会表明，这一结果在广义相对论中如何得到了修正。

16
狭义相对论与经验

　　狭义相对论在多大程度上得到了经验支持呢？这个问题
并不容易回答，其理由我们已经在考察斐索的重要实验时提
到了。狭义相对论是从麦克斯韦-洛伦兹关于电磁现象的理论
中结晶出来的。因此，所有支持电磁理论的经验事实都支持
相对论。这里我要提到一个特别重要的事实，即相对论能使
我们极其简单地预测从恒星传到我们这里的光所受到的影响，
这些影响缘于地球相对于恒星的运动，而且与经验相符合。
这里指的是由地球绕日运动所引起的恒星视位置的周年运动
（光行差），以及恒星相对于地球的运动的径向分量对到达我
们这里的光的颜色的影响；后一影响表现为，从恒星传到我
们这里的光的光谱线位置与地球光源所产生的相同光谱线的
位置相比有微小的移动（多普勒原理）。既支持麦克斯韦-洛
伦兹理论又支持相对论的实验证据多得无法列举。事实上，

这些证据对理论可能性的限制使得只有麦克斯韦-洛伦兹理论才能经得起经验的检验。

但迄今为止有两类实验事实上只有引入一种辅助假说才能用麦克斯韦-洛伦兹理论加以解释，而此辅助假说本身（即如果不利用相对论）似乎是奇怪的。

众所周知，阴极射线和放射性物质发射的所谓 β 射线是由惯性极小、速度极大的带负电粒子（电子）构成的。通过研究这种射线在电场和磁场影响下的偏转，我们就能非常精确地研究这些粒子的运动定律。

在对这些电子进行理论处理时，我们遇到了困难，即电动力学本身无法说明电子的本性。由于同性的电质量相互排斥，因此构成电子的负电质量在其自身相互作用的影响下必定会离散，除非还有另一种力在它们之间起作用，迄今为止我们对这种力的本性还不清楚。[1]如果假定构成电子的电质量的相对距离在电子运动过程中保持不变（经典力学意义上的刚性连接），我们就会得出一个与经验不相符的电子运动定律。洛伦兹第一次通过纯粹的形式思考引入了以下假说，即电子的形状会因为运动而沿着运动方向收缩，收缩量与 $\sqrt{1-\dfrac{v^2}{c^2}}$ 成正比。于是，这个未被任何电动力学事实证明的假

---

1 根据广义相对论，电子的电质量可能是通过引力而聚在一起的。

说给出了那个近年来得到精确实验证实的运动定律。

相对论也给出了同样的运动定律，而无需任何关于电子结构和行为的特定假说。我们在第 13 节讨论斐索实验时情况也是类似，相对论给出了斐索实验的结果，而无需假定液体的物理本性。

我们所指的第二类事实涉及这样一个问题：能否通过地球上的实验使地球在空间中的运动被注意到。我们曾在第 5 节中指出，所有这些努力都给出了否定的结果。相对论提出以前，科学很难就这个否定的结果进行深入研究；实际情况如下。对于时间和空间的传统偏见不容许人们怀疑，伽利略变换是从一个参照物过渡到另一个参照物的标准变换。若麦克斯韦-洛伦兹方程对一个参照物 K 成立，那么如果假定 K 和相对于 K 做匀速运动的参照物 K' 的坐标之间存在着伽利略变换关系，我们就会发现这些方程对于 K' 不再成立。因此在所有伽利略坐标系中，似乎有一个特殊运动状态的坐标系（K）具有物理上的独特性。为了从物理上解释这一结果，人们把 K 看成相对于一种假说性的光以太保持静止。所有相对于 K 运动的坐标系 K' 都被认为相对于以太运动着。被认为相对于 K' 成立的更复杂的运动定律被归因于 K' 相对于以太的这种运动（相对于 K' 的"以太风"）。因此，必须假定相对于地球也存在这样一种以太风，长期以来，物理学家一直致力于证明它的存在。

为此，迈克耳孙（Michelson）找到了一种似乎不可能失败的方法。设想在一个刚体上安放两面镜子，使它们的反射面相互面对。如果整个系统相对于光以太保持静止，则光线从一面镜子传到另一面镜子再返回来需要一段完全确定的时间 T。但人们发现，如果该物体连同镜子相对于以太在运动，那么这个过程就需要略微不同的时间 T'。此外还有一点！计算表明，若相对于以太的运动速度为给定的速度 v，则物体垂直于镜面运动时的 T' 又不同于物体平行于镜面运动时的 T'。尽管这两个时间计算出来的差别极小，但在迈克耳孙和莫雷（Morley）所做的干涉实验中，此时间差必定能在现象中清晰地显现出来。然而使物理学家大惑不解的是，此实验得出了完全否定的结果。洛伦兹和菲茨杰拉德（FitzGerald）曾使理论从这种困境中摆脱出来，他们假定，物体相对于以太的运动会使物体沿运动方向收缩，其收缩量恰好能使上述时间差消失。与第 12 节的论述相比较可以表明，从相对论的观点看，这种解决方案也是对的。但是根据相对论，对事态的理解要令人满意得多。根据相对论，并没有一个优越的坐标系可以用来作为引入以太观念的理由，因此不可能有以太风和用来演示以太风的实验。这里运动物体的收缩源于相对论的两个基本原理，无需引入任何特殊假说；决定这种收缩的并

非运动本身（我们不能赋予运动本身以任何意义），而是相对
于当时选取的参照物的运动。因此，对一个与地球一起运动
的参照系而言，迈克耳孙和莫雷的镜子–物体并没有缩短，但
是对一个相对于太阳静止的参照系而言，这个镜子–物体的确
缩短了。

17

闵可夫斯基的四维空间

不是数学家的人听到"四维"时会激起一阵神秘的战栗，它与剧场幽灵（Theatergespenst）所唤起的感觉不无相似之处。然而，再没有什么说法比声称我们所居住的世界是一个四维时空连续区更平凡了。

空间是一个三维连续区。这句话的意思是，我们可以用三个数（坐标）x，y，z 来描述一个（静止的）点的位置，而且该点附近有任意多个点，其位置可以用 x_1，y_1，z_1 这样的坐标值（坐标）来描述，这些坐标值与第一个点的坐标 x，y，z 可以任意近。由于后一性质，我们说"连续区"，由于坐标有三个数，所以我们说它是"三维"的。

同样，被闵可夫斯基（Minkowski）简称为"世界"的物理现象世界在时空意义上当然是四维的。因为物理现象的世界是由单个事件组成的，而每一个事件又是由四个数来描述的，即三个空间坐标 x，y，z 和一个时间坐标——时间值 t。这个意义上的"世界"也是一个连续区，因为每一个事件都有任意多个"邻近的"（已实现的或至少可设想的）事件，其坐标 x_1，y_1，z_1，t_1 与原初考虑的事件的坐标 x，y，z，t 相差任意小。我们之所以不习惯把这个意义上的世界理解成四维连续区，是因为在相对论创立之前的物理学中，时间扮演着一种与空间坐标不同的、更为独立的角色。因此，我们习惯于把时间处理成一个独立的连续区。事实上，根据经典力学，时间是绝对的，也就是说与坐标系的位置**和运动状态**无关。这已在伽利略变换的最后一个方程（$t'=t$）中表达出来。

相对论提供了对"世界"的四维考察方式，因为根据相对论，时间被剥夺了其独立性，如洛伦兹变换的第四方程所示：

$$t' = \frac{t - \frac{v}{c^2}x}{\sqrt{1 - \frac{v^2}{c^2}}}$$

根据这个方程，甚至在两个事件相对于 K 的时间差 Δt 等于零时，它们相对于 K' 的时间差 $\Delta t'$ 一般来说也不等于零。两个事件相对于 K 的纯粹"空间距离"会使这两个事件相对于 K' 有"时间距离"。但对相对论的形式发展至关重要的闵可夫斯基的发现并不在于此，而在于他的一种认识，即相对论的四维连续区以其标准的形式性质显示出与欧几里得几何空间的三维连续区极为相似。[1]不过，为使这种相似性完全显示出来，我们必须引入与通常的时间坐标 t 成比例的虚量 $\sqrt{-1}ct$ 来取代 t。这样一来，在满足（狭义）相对论要求的自然定律所具有的数学形式中，时间坐标的作用与三个空间坐标的作用完全相同。这四个坐标在形式上完全对应于欧几里得几何学中的三个空间坐标。即使不是数学家也会明白，由于这种纯形式的认识，相对论在条理性和清晰性方面必定大为改观。

　　这些不充分的论述只能使读者对闵可夫斯基的重要思想有一种模糊的认识。倘若没有这种思想，广义相对论（本书接下来将阐述其基本思想）或许只能一直处于萌芽状态。对不熟悉数学的人来说，要想精确地理解闵可夫斯基的思想无疑很困难，且这对理解狭义或广义相对论的基本观思想并不是必需的，因此我先谈到这里，到本书第二部分结尾再回到它。

1　更详细一些的论述见附录。

第二部分

广 义 相 对 论

18

狭义与广义相对性原理

迄今为止，我们的所有论述都围绕着一个基本原理——**狭义**相对性原理——而展开，它涉及的是一切**匀速**运动的物理相对性。我们再次对它的意义进行认真分析。

根据狭义相对性原理，任何运动都只能被视为**相对**运动，这一直是很清楚的。就我们常用的路基和车厢的例子而言，我们可以用以下两种方式同样合理地表述这里发生的运动：

（1）车厢相对于路基在运动；

（2）路基相对于车厢在运动。

在我们的运动表述中，（1）中的参照物是路基，（2）中的参照物是车厢。如果只是要确定或描述这个运动，那么相对于哪一个参照物来考察运动原则上是无关紧要的。如前所述，这一点是自明的，但绝不能把它与作为我们研究基础的、被称为"相对性原理"的广泛得多的陈述混淆起来。

　　我们所利用的原理不仅断言，描述任何事件时既可以选取车厢也可以选取路基作为参照物（因为这也是自明的），而且更断言，如果我们表述从经验得来的普遍自然定律时：

　　（1）以路基作为参照物；

　　（2）以车厢作为参照物；

那么这些普遍的自然定律（比如力学定律或真空中光的传播定律）在两种情况下的形式将完全一样。也可以这样来表述：对于自然过程的**物理**描述而言，参照物 K、K' 中没有任何一个是优越的。与前一陈述不同，后一陈述并不一定是先天必然成立的；后一陈述并不包含在"运动"和"参照物"这些概念中，也不能由它们推导出来，只有**经验**才能确定该陈述正确与否。

　　但是，到目前为止我们并未断言**所有**参照物 K 在表述自然定律方面具有等价性。我们的思路其实是这样的。首先我们从这样一个假定出发，即存在着一个参照物 K，其运动状态使得伽利略原理相对于它是成立的：一个自行运动且与所有其他质点距离足够远的质点会做匀速直线运动。相对于 K（伽利略参照物）表述的自然定律应当是最简单的。但是除了 K，所有参照物 K' 都应当被给予这种意义上的优越性，而且只要这些参照物相对于 K 做一种**匀速直线无旋转的运**

动，它们在表述自然定律方面就应当与 K 完全等价：所有这些参照物都被视为伽利略参照物。相对性原理被认为只对这些参照物才有效，而对其他参照物（以其他方式运动的参照物）无效。在这个意义上，我们说**狭义**相对性原理或狭义相对论。

与此对比，我们把"广义相对性原理"理解成以下断言：所有参照物 K、K' 等不论其运动状态如何，对于描述自然（表述普遍自然定律）而言都是等价的。但需要立即指出，必须用一个更加抽象的表述来取代这一表述，其理由要到后面才能明白。

由于引入狭义相对性原理的合理性已经得到证明，每一个追求普遍性的人必然想努力朝着广义相对性原理迈进。但一种表面上非常可靠的简单考虑使这样一种努力目前显得毫无希望。请读者回想一下我们经常考察的匀速行驶的火车车厢。只要车厢匀速行驶，坐在车厢里的人就不会感到车厢的运动。因此他可以丝毫不违背意愿地把这一事态解释为车厢静止而路基运动。此外根据狭义相对性原理，这种解释在物理上也是完全合理的。

现在，如果车厢的运动变成一种非匀速运动，比如通过猛然刹车，那么车厢里的人会猛地前倾。车厢的这种减速运动可以从物体相对于车厢的力学行为表现出来；这种力学行为与上述情形中的力学行为有所不同，因此，相对于静止或匀速运动的车厢成立的力学定律，似乎不可能相对于非匀速运动的车厢也同样成立。无论如何，伽利略定律相对于非匀速运动的车厢显然不成立。因此我们感到不得不暂时违反广义相对性原理，赋予非匀速运动以一种绝对的物理实在性。但我们很快就会发现，这个结论并不能让人信服。

19
引力场

+

    "我拾起一块石头然后放手，石块为什么会落到地上呢？"对这个问题的回答通常是："因为石块受地球吸引。"现代物理学给出的回答则不太一样，理由如下。通过更仔细地研究电磁现象，人们渐渐认识到直接的超距作用是不可能的。比如磁石吸引铁块，如果认为这意味着磁石经过中间空荡荡的空间直接作用于铁块，我们是不会满意这种看法的，而是会按照法拉第的方式设想，磁石总是在其周围的空间中产生某种物理实在，即我们所谓的"磁场"。该磁场又作用于铁块，使之努力朝着磁石运动。我们这里不去讨论这个本身带有随意性的中间概念是否合理，而只是提出，借助于这个概念可以把电磁现象尤其是电磁波的传播描述得令人满意得多。我们也可以以类似的方式来理解引力的效应。

    地球对石块的作用是间接发生的。地球在自己周围产生一个引力场。该引力场作用于石块，引起石块的下落运动。根据经验，我们远离地球时，地球对物体的作用强度会根据一个非常确定的定律减小。从我们的观点来看，这意味着：支配引力场空间性质的定律必须是一个完全确定的定律，才能正确描述引力作用随着与起作用物体的距离而减小。大致可以这样表达：物体（例如地球）在其最邻近处直接产生一个场，这个场在更大距离处的强度和方向由支配引力场本身的空间性质的定律所决定。

与电场和磁场不同，引力场显示出一种极为显著的性质，这种性质对以下讨论至关重要。只在引力场作用下运动的物体会得到一个**与物体的材料和物理状态都毫无关系**的加速度。例如，如果在引力场中（在真空中）让一个铅块和一个木块从静止或以相同初速度开始下落，则它们的下落将完全相同。根据以下思考，我们还可以用一种不同的方式来表述这个极为精确的定律。

根据牛顿运动定律：

$$（力）=（惯性质量）\times（加速度）$$

其中，"惯性质量"是被加速物体的一个特征恒量。现在，如果引起加速的力是引力，则有

$$（力）=（引力质量）\times（引力场强度）$$

其中，"引力质量"同样是物体的一个特征恒量。由这两个关系式可以得出：

$$（加速度）=\frac{（引力质量）}{（惯性质量）}\times（引力场强度）$$

现在，如果正如经验表明的那样，加速度与物体的本性和状态无关，而且在给定的引力场中加速度总是一样的，那么引力质量与惯性质量之比对于所有物体都必须是一样的。因此，通过适当选取单位，我们可以使这个比等于 1。于是有如下定律：一个物体的**引力**质量等于它的**惯性**质量。

迄今为止的力学虽然**记录**了这个重要的定律，但并没有对其进行**解释**。要想得到令人满意的解释，就必须认识到：物体的**同一种**性质根据不同情况或表现为"惯性"，或表现为"重性"。我们将在下一节表明这一点在多大程度上是事实，以及这个问题与广义相对性公设是如何联系起来的。

20

+

惯性质量与引力质量相等作为广义相对性公设的一个论据

　　我们设想在空无所有的空间中有一个宽敞的部分，它距离众星和其他巨大质量非常遥远，则我们已经足够精确地拥有了伽利略基本定律所要求的情况。这样就有可能为这部分世界选取一个伽利略参照物，使得相对于该参照物处于静止状态的点继续保持静止，相对于它运动的点继续做匀速直线运动。我们设想一个如房间般宽敞的箱子作为参照物，里面有一个配有仪器的观察者。对于这个观察者而言，引力当然不存在。他必须用绳子把自己拴在地板上，否则只要轻触地板，他就会朝着房子的天花板慢慢飘起来。

　　在箱盖外侧中央处固定一个钩子，钩上系有绳索。现在有一个东西（这是一种什么东西对我们无关紧要）开始以恒力拉这根绳索。于是箱子连同观察者开始匀加速"上"升。经过一段时间，它们的速度将增加到极大——倘若我们从另一个未用绳牵的参照物来判断这一切的话。

但箱子里的人会如何看待这个过程呢？箱子的加速度是通过箱子地板的反作用传给他的。因此，如果不愿整个人贴在地板上，他就必须用腿来承受这个压力。于是，他站在箱子里其实与站在地球上的一个房间里完全一样。如果他释放此前拿在手里的一个物体，箱子的加速度就不再会传到这个物体上；因此该物体将以加速的相对运动靠近箱子地板。观察者将会更加确信，**物体相对于地板的加速度总是相同大小，无论他用什么物体来做实验。**

基于对引力场的认识（如我们在前一节所说），箱子里的人将会得出结论，他和箱子处于一个极为恒定的引力场中。当然他会一时好奇，为什么箱子没有在这个引力场中下落。但正在这时，他发现箱盖中央有一个钩子，钩上系着张紧的绳索，遂得出结论，箱子被静止地悬挂于引力场中。

我们是否应当讥笑这个人，说他的理解错了呢？我认为，要想保持前后一致，我们不应这样说他，而是必须承认，他的理解方式既不违反理性，也不违反已知的力学定律。虽然箱子相对于事先考虑的"伽利略空间"在做加速运动，但我们仍然可以认为箱子处于静止。因此我们有充分理由把相对性原理推广到相互做加速运动的参照物，从而获得一个强有力的论据来支持一个推广的相对性公设。

　　我们一定要注意，这种理解方式的可能性是以引力场能使所有物体获得相同的加速度这一基本性质为基础的，也就是说，以惯性质量与引力质量相等这一定律为基础。倘若这个自然定律不存在，正在做加速运动的箱子里的人就不能通过假定一个引力场来解释他周围物体的行为，就没有理由根据经验假定他的参照物是"静止的"。

　　假定箱子里的人在箱盖内侧系一根绳子，绳子的自由端固定一个物体。结果绳子处于张紧状态，"竖直地"垂下来。我们问绳子张紧的原因是什么。箱子里的人会说："悬挂着的物体在引力场中受到一个向下的力，该力为绳子的张力所平衡；决定绳子张力大小的是悬挂着的物体的**引力质量**。"然而另一方面，一个在空中自由飘浮的观察者会对事态做出这样的判断："绳子被迫参与箱子的加速运动，并把此运动传给了固定在绳子上的物体。绳子的张力大小恰好能够引起物体的加速度。决定绳子张力大小的是物体的**惯性质量**。"从这个例子可以看到，我们对相对性原理的推广使得惯性质量与引力质量相等这一定律似乎有了**必然性**。这样就得到了对该定律的一个物理解释。

　　根据对加速运动的箱子的讨论可以看到，一种广义的相对论必然会对引力诸定律产生重要结果。事实上，对广义相对性思想坚持不懈的研究已经提供了引力场所满足的诸定律。

但我在这里必须提醒读者注意一个容易产生的误解。对箱子里的人而言，存在着一个引力场，尽管对最初选定的坐标系而言，这样一个场并不存在。于是我们很可能以为，引力场的存在永远只是一种**表观的**存在。我们还可能认为，无论有什么样的引力场，我们总能选取另外一个参照物，使得相对于此参照物而言**没有**引力场存在。然而，这绝非对所有引力场都正确，而仅仅对那些结构十分特殊的引力场才是正确的。例如，我们不可能选取这样一个参照物，使得由它来判断，地球的引力场（就其整体而言）会消失。

现在我们意识到，为什么我们在第18节结尾提出的反对广义相对性原理的论证是没有根据的。车厢里的观察者固然会因为刹车而前倾，并由此察觉到车厢在做非匀速运动，但没有人强迫他要把这种前倾归因于车厢的"实际"加速。他也可以这样来解释他的体验："我的参照物（车厢）一直保持静止。但是（在刹车时），相对于这个参照物存在着一个方向向前且随时间变化的引力场。在这个场的影响下，路基连同地球在做一种非匀速运动，使其原有的向后的速度不断减小。正是这个引力场引起了观察者的前倾。"

21

+

经典力学的基础和狭义相对论的基础在哪些方面不能令人满意？

我们已经多次提到，经典力学是从以下定律出发的：距离其他质点足够远的质点做匀速直线运动或保持静止状态。我们也曾多次强调，这个基本定律只对处于某些特殊运动状态的参照物 K 才有效，这些参照物彼此做匀速平移运动。相对于其他参照物 K'，这个定律不再有效。因此，我们在经典力学和狭义相对论中都区分了自然定律相对其有效的参照物 K 和自然定律相对其无效的参照物 K'。

然而，思想前后一致的人不会对这种事态感到满意。他要问："为什么某些参照物（或其运动状态）能够比其他参照物（或其运动状态）优越？**这种偏爱的理由何在？**"为了说清楚我这个问题的意思，我想作一个比较。

我站在一个煤气灶前。灶上并排放着两个锅。这两个锅非常相像，经常会弄混。锅里各盛了半锅水。我注意到从一个锅里不断冒出蒸汽，另一个锅则没有冒。即使我从未见过煤气灶或锅，我也会对此感到奇怪。但如果此时我注意到第一个锅下方有一种蓝色的发光的东西，而另一个锅下方没有，则我的惊奇就会消失，即使我从未见过煤气火焰。因为我只要说，是这种蓝色的东西使蒸汽冒出，或至少**有可能**使蒸汽冒出。但如果我注意到两个锅下方都没有什么蓝色的东西，而且我还看到从一个锅里不断冒出蒸汽，另一个锅则没有冒，那么我就会一直感到惊奇和不满足，直到发现有某种情况能够解释这两个锅的不同表现。

与此类似，我在经典力学中（或狭义相对论中）找不到什么实在的东西能够解释物体相对于参照系 K 和 K' 为何会有不同表现。[1] 牛顿已经注意到了这个反驳，并试图驳倒它，但没有成功。马赫（E. Mach）对此认识得最清楚，并因此要求必须把力学建立在新的基础之上。只有通过一种满足广义相对性原理的物理学才能避开这种反驳。因为这样一种理论的方程对一切参照物都成立，不论其运动状态如何。

1　这一反驳在参照物的运动状态无需任何外力来维持时尤为有力，比如参照物做匀速转动的情况。

22
广义相对性原理的几个推论

第 20 节的论述表明，广义相对性原理使我们能以纯理论的方式推导出引力场的性质。例如，假定已知任一自然过程的时空"进程"，即它在伽利略区域相对于一个伽利略参照物 K 是如何发生的，那么通过纯理论运算（即单凭计算），我们就能确定这个已知的自然过程从一个相对 K 做加速运动的参照物 K' 去看是如何发生的。但是由于对这个新的参照物 K' 而言存在着一个引力场，所以上述思考也告诉我们引力场如何影响了所研究的过程。

例如，我们知道一个相对于 K 做匀速直线运动的物体（与伽利略定律相一致）相对于做加速运动的参照物 K'（箱子）在做一般来说是曲线的加速运动。此加速度或曲率对应于相对 K' 存在的引力场对运动物体的影响。引力场以这种方式影响物体的运动是众所周知的，所以上述思考并没有提供原则上全新的东西。

　　然而，若对一束光线做类似的思考，我们就能得到一个至关重要的新结果。相对于伽利略参照物 K，这束光线是以速度 c 沿直线传播的。不难导出，相对于做加速运动的箱子（参照物 K'），这束光线的路径不再是一条直线。由此得出结论，**光线在引力场中一般沿曲线传播**。这个结果在两个方面具有重要意义。

　　第一，这个结果可以与现实相比较。虽然详细研究表明，广义相对论所给出的光线弯曲对我们经验中的引力场而言极其微小，但掠过太阳附近的光线的弯曲却会达到 $1.7''$。这必定能以下述方式表现出来：出现在太阳邻近的恒星在日全食期间应当能够观测到，日全食时这些恒星在天空中的视位置与太阳位于天空中其他地方时恒星的视位置相比较应当有以上数值的偏离。检验这个推论是否正确是一项极为重要的任务，希望天文学家能够早日解决。[1]

　　第二，这个结果表明，根据广义相对论，我们经常提及的狭义相对论两个基本假定之一的真空中光速恒定定律就不能要求具有无限的有效性。只有当光的传播速度随位置而改

1　1919 年 5 月 29 日的日食期间，英国皇家学会和英国皇家天文学会所配备的两个远征队在天文学家爱丁顿（Eddington）和克罗姆林（Crommelin）的领导下用摄影星图证实了理论所要求的光线偏转。

变时，光线弯曲才可能发生。我们也许会认为狭义相对论以及随之整个相对论都会因此而垮台。但实际上并不是这样。我们只能得出结论说，不能要求狭义相对论的有效性是无止境的；只有当我们能够忽略引力场对现象（例如光的现象）的影响时，狭义相对论的结果才有效。

由于相对论的反对者常常宣称，狭义相对论被广义相对论推翻了，因此我想通过一个比较来把事实情况弄得更清楚些。电动力学创立之前，静电学定律被视为电学定律。今天我们知道，只有在一种永远不会严格实现的情况下，即电质量相对于彼此和相对于坐标系完全静止，静电学才能正确地给出电场。我们是否可以说，静电学因此就被电动力学的麦克斯韦场方程推翻了呢？绝非如此！静电学作为极限状况包含在电动力学中；如果场不随时间而改变，我们可以从电动力学定律直接导出静电学定律。如果能为创立一种全面的理论指明道路，而且在后者之中作为极限状况继续存在下去，那么这将是一个物理理论最好的命运。

在刚才讨论的光的传播例子中我们已经看到，广义相对论能使我们从理论上导出引力场对自然过程进程的影响，这些自然过程的定律在没有引力场时已经为我们所知。但最吸引人的任务（广义相对论为其解决提供了钥匙）与确定引力场本身所满足的定律有关。让我们对此稍作考虑。

我们已经熟知那种通过适当选取参照物而（近似地）处于"伽利略"情形的空时区域，即没有引力场的区域。现在，如果我们相对于一个做任意运动的参照物 K' 来考察这样一个区域，那么相对于 K' 就存在着一个可随空间和时间而变化的引力场。[1] 该引力场的特性当然与我们为 K' 选择的运动有关。根据广义相对论，普遍的引力场定律对所有如此得到的引力场而言都必定是满足的。虽然绝非所有引力场都能以这种方式产生，但我们仍然希望能从这样一些特殊的引力场推导出普遍的引力定律。这种希望已经极其美妙地实现了！但是从看清这个目标到实际实现它还需要克服一个严重的困难。由于这个困难涉及问题的根本，我不敢对读者避而不谈。我们需要再次深化空时连续区的概念。

1　这一点可由第 20 节的讨论概括得出。

23
转动的参照物上钟和量杆的行为

到目前为止，我在广义相对论的情形中特意未谈对空间、时间数据的物理解释。因此我犯了不够细致的毛病，我们由狭义相对论可以知道，这种毛病绝非无关紧要和可以原谅。现在到了弥补这个缺陷的适当时候了；不过我先要声明，这件事会对读者的耐心和抽象能力提出不小的要求。

还是从常常提出的几个非常特殊的情形开始。假定有一个空时区域，相对于一个运动状态已经恰当选定的参照物 K，这里不存在引力场。因此相对于这样一个区域，K 是一个伽利略参照物，狭义相对论的结果相对于 K 是成立的。我们设想参照另一个相对于 K 做匀速转动的参照物 K' 来考察同一个区域。为了确定想法，我们设想 K' 的形状是一个平面圆盘，它在自身的平面内围绕其中心做匀速转动。坐在圆盘 K' 上非盘心处的一个观察者会感受到一个沿径向向外的作用力，而相对于原来的参照物 K 保持静止的一个观察者则会把这个力解释成惯性效应（离心力）。然而，坐在圆盘上的观察者可以把他的圆盘理解成一个"静止"的参照物；根据广义相对性原理，他这样理解是正当的。他会把作用于他本人以及所有相对于圆盘静止的物体的力都理解成一个引力场的效应。然而根据牛顿的引力理论，这个引力场的空间分布是不可能的。[1] 不过由于这个观察者相信广义相对论，这一点不会令他不安；他有理由相信能够建立起一个普遍的引力定律，该定律不仅可以正确解释众星的运动，而且可以正确解释他所体验到的力场。

　　这个观察者在其圆盘上用钟和量杆做实验，旨在基于观察对相对于圆盘 K' 的时间空间数据的含义做出精确定义。他这样做会得到什么经验呢？

　　首先，他把两个构造完全相同的钟分别置于圆盘中心和圆盘边缘，并使其相对于圆盘保持静止。我们现在问，从非转动的伽利略参照物 K 来看，这两个钟是否走得同样快。从这个参照物判断，圆盘中心的钟没有速度，而由于圆盘转动，圆盘边缘的钟相对于 K 是运动的。因此根据第 12 节的结果可知，从 K 判断，第二个钟永远比圆盘中心的钟走得慢。显

1　这个场在圆盘中心消失，而且由中心向外随着与中心距离的增加而成比例地增强。

然，我们设想坐在圆盘中心那个钟旁边的一个观察者必然也会断定同样的效应。于是，在我们的圆盘上以及更一般地在每一个引力场中，一个钟走得快慢取决于这个钟（静止地）所处的位置。因此，我们不可能凭借相对于参照物静止放置的钟来得出合理的时间定义。当我们试图把早先的同时性定义运用于这一情形时也遇到了类似的困难，不过对此我不想做进一步讨论了。

　　这里空间坐标的定义也导致了无法克服的困难。如果这个随圆盘一起运动的观察者把他的标准量杆（与圆盘半径相比很短）置于圆盘边缘并与之相切，那么从伽利略坐标系判断，这根杆的长度要小于 1，因为根据第 12 节的讨论，运动物体会沿运动方向缩短。而如果他把量杆沿圆盘半径方向放置，那么从 K 判断，量杆不会缩短。于是，如果这个观察者先用他的量杆量出圆盘周长，然后量出圆盘直径，将这两个测量结果相除，所得到的商将不会是那个大家所熟知的数 $\pi=3.14\cdots\cdots$，而会是一个大一些的数；[1] 而对于一个相对 K 保持静止的圆盘，此操作当然会得出精确的 π。这表明，欧几里得几何学的命题在转动的圆盘上或者一般而言在一个引力场中并不能严格成立，至少是如果我们把量杆在一切位置、沿

[1] 在整个讨论过程中，我们必须使用伽利略（非转动）坐标系 K 作为参照物，因为我们假定狭义相对论的结果只有相对于 K 才有效（相对于 K' 存在着引力场）。

一切方向的长度都算作 1 的话。由此直线的概念也失去了意义。因此，我们不能借助于在狭义相对论中使用的方法相对于圆盘严格地定义坐标 x，y，z。而只要事件的坐标和时间未被定义，这些坐标时间出现于其中的自然定律也就没有严格意义。

由此看来，我们迄今为止对广义相对论所做的一切思考似乎都成了问题。事实上，我们必须做一次巧妙的迂回才能严格地运用广义相对论的公设。以下几节将帮助读者为此做好准备。

24

欧几里得连续区和非欧几里得连续区

一张大理石桌的桌面摆在我面前。通过多次从一点移到"邻近的"一点，或者换句话说，通过无"跳跃"地一点点移动，我可以从桌面上任何一点到达任何其他一点。如果不是过于咬文嚼字的话，读者肯定很清楚这里所说的"邻近的"和"跳跃"是什么意思。为了表述这一点，我们说桌面是一个连续区。

我们设想制作了许多长度相等的小杆来测量桌面。我说它们长度相等是指，其中任何两个小杆的两端都能彼此重合。现在我们取四根小杆放在桌面上，使其组成一个四边形，该四边形的对角线长度相等（正方形）。我们用一根小测杆来保证对角线相等。我们把几个相同的正方形摆放在这个正方形旁边，其中每一个正方形都有一根小杆与这个正方形共用。对于后放的每一个正方形也都采取同样的做法，直到整个桌面被正方形铺满。最后，每一个正方形的每一条边都属于两个正方形，每一个角都属于四个正方形。

　　如果能把这件事情做好而不陷入巨大的困难，那真是一个奇迹！我们只需考虑以下情况。如果已经有三个正方形相会于一个角，那么第四个正方形的两条边就已经摆出，由此这个正方形的另外两条边如何摆放也已经完全确定。但我们现在不再能移正这个四边形，使它的两条对角线相等了。如果这两条对角线能够自动相等，这将是桌面和小杆的特别恩赐，对此我只能心怀感激地惊奇不已！倘若这种构图能够成功，我们必定会多次体验到类似的惊奇。

　　如果一切进行得很顺利，我就会说，桌面上诸点对作为"距离"使用的这些小杆而言构成了一个欧几里得连续区。选取一个正方形的一个角作为"原点"，我就能用两个数来刻画任何其他正方形的一个角相对于这个原点的位置。我只需说明，我从原点出发必须向"右"然后向"上"经过多少小杆才能到达那个正方形的角。于是，这两个数就是这个角相对于由各个小杆确定的"笛卡尔坐标系"的"笛卡尔坐标"。

　　如果对这个思想实验做如下改变，我们认识到该实验在一些情况下必定不会成功。假定小杆会随着温度升高而"膨胀"。将桌面的中心部分加热，但周围不加热，此时我们仍然能使两根小杆在桌面上的每一个位置相重合。但我们的正方形构图必然会变得混乱无序，因为桌面中心部分的小杆发生了膨胀，而外围部分的小杆则没有膨胀。

对我们的小杆——定义为单位距离——而言，现在此桌面不再是一个欧几里得连续区，我们也不再能够直接借助于小杆来定义笛卡尔坐标，因为上述构图方案已经无法实施。但由于有其他一些东西并不像小杆那样受桌子温度的影响（或根本不受影响），我们可以十分自然地坚持认为，这个桌面仍然是一个"欧几里得连续区"。通过更加巧妙地规定距离的量度或比较，我们可以令人满意地做到这一点。

但如果各种小杆（即用各种材料制成的小杆）在加热不均匀的桌面上对温度的反应都**相同**，而且我们只能通过小杆在与上述实验类似的实验中的几何行为来觉察到温度的影响，那么只要能使一根小杆的两端与桌面上的两点相重合，我们就不妨规定这两点之间的距离为1；因为如果不想过于随意，我们应该如何用其他方式来定义距离呢？于是我们必须抛弃笛卡尔的坐标方法，而代之以另一种方法，后者不预设欧几里得几何学对于刚体的有效性。[1] 读者将注意到，这里描述的情况与广义相对性公设所引起的情况（第 23 节）是一致的。

1　数学家曾以如下形式面对我们的问题。假定在欧几里得三维空间中有一个面（例如椭球表面），那么和在平面上一样，这个面上有一种二维几何学。高斯曾试图从原则上讨论这种二维几何学，而不利用这个面属于欧几里得三维连续区这一事实。如果设想用刚性小杆在这个面上进行构图（与上述桌面上的情形类似），那么适用于这些构图的定律与那些根据欧几里得平面几何学得出的定律并不相同。对这些小杆而言，这个面并不是一个欧几里得连续区，因此在这个面上无法定义笛卡尔坐标。高斯表明了我们能够根据何种原理来处理这个面上的几何关系，从而指出通向黎曼处理多维非欧几里得连续区的方法的道路。因此，数学家很早以前就已经解决了广义相对性公设所引出的形式问题。

25
高斯坐标

根据高斯的说法，这种解析几何的处理方式可由以下途径获得。设想在桌面上画一个任意曲线系（见图 3）。我们把这些曲线称为 u 曲线，并用一个数来标明每一条曲线。在图中标出曲线 $u=1$，$u=2$ 和 $u=3$。

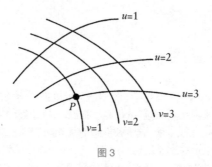

图 3

必须认为曲线 $u=1$ 与曲线 $u=2$ 之间还可以标明无穷多条曲线，它们对应于 1 和 2 之间的所有实数。这样我们就有了一个 u

曲线系，这些曲线无限稠密地布满了整个桌面。u 曲线彼此不能相交，而且过桌面上每一点有且只有一条曲线通过。因此桌面上每一点都有一个完全确定的 u 值。我们以同样方式在桌面上画一个 v 曲线系，使其满足与 u 曲线相同的条件，并以相应的方式为其配上数，它们同样可以有任意形状。因此，桌面上每一点都有一个 u 值和一个 v 值，我们把这两个数称为桌面的坐标（高斯坐标）。例如，图中的 P 点就有高斯坐标 $u=3$，$v=1$。于是，桌面上相邻两点 P 和 P' 就对应于坐标

$$P: \quad u, \ v$$
$$P': \quad u+du, \ v+dv$$

其中 du 和 dv 均指很小的数。用一根小杆量出的 P 与 P' 之间的距离用很小的数 ds 表示。于是根据高斯的说法：

$$ds^2 = g_{11}du^2 + 2g_{12}dudv + g_{22}dv^2$$

其中 g_{11}，g_{12}，g_{22} 是以完全确定的方式依赖于 u 和 v 的量。量 g_{11}，g_{12}，g_{22} 决定了小杆相对于 u 曲线和 v 曲线的行为，因此也决定了小杆相对于桌面的行为。只有在面上诸点相对于量杆构成一个欧几里得连续区的情况下，才有可能按照下

面这个简单的公式画出 u 曲线和 v 曲线并为其配上数：

$$ds^2=du^2+dv^2$$

在这些条件下，u 曲线和 v 曲线就是欧几里得几何学意义上的直线，而且相互垂直。这里高斯坐标就是笛卡尔坐标。我们看到，高斯坐标只不过是为面上诸点分配两组数，使得为空间上相邻诸点分配的数值相差很小。

　　这些论述首先适用于二维连续区。但高斯方法也可以应用于三维、四维或更多维的连续区。例如假定有一个四维连续区，我们可对它做如下描述。对该连续区的每一个点，我们可以任意分配四个数 x_1，x_2，x_3，x_4，这四个数被称为"坐标"。相邻的点对应于相邻的坐标值。现在，如果把距离 ds 归于相邻点 P 和 P'，而且该距离可以测量，在物理上有明确规定，则有下述公式成立：

$$ds^2 = g_{11}dx_1^2 + 2g_{12}dx_1dx_2 + \cdots + g_{44}dx_4^2$$

其中量 g_{11} 等的值随着连续区中的位置而改变。只有当这个连续区是一个欧几里得连续区时，才有可能以如下简单方式为连续区诸点分配坐标 $x_1 \cdots x_4$：

$$ds^2 = dx_1^2 + dx_2^2 + dx_3^2 + dx_4^2$$

在这种情况下，与适用于我们三维测量的那些关系相似的一些关系就能适用于这个四维连续区。

顺便说一句，以上对 ds^2 的高斯表述并不总是可能的，只有当连续区足够小的区域可以被视为欧几里得连续区时才是如此。例如对桌面的情形以及温度随位置变化的情形而言，它显然是成立的。对桌面的一小部分而言，温度实际上可视为恒量，小杆的几何行为**差不多**能够符合欧几里得几何学的规则。因此，只有当上一节讨论的正方形构图扩展到桌面相当大一部分时，此构图的漏洞才会明显表现出来。

对此我们可以总结如下：高斯发明了一种用数学处理任意连续区的方法，其中定义了"尺寸关系"（相邻点的"距离"）。连续区的每一个点都可以分配若干个数（高斯坐标），其个数等于连续区的维数。要保证分配清楚明确，则为相邻诸点分配的数（高斯坐标）应当彼此相差无穷小。高斯坐标系是笛卡尔坐标系的逻辑推广。高斯坐标系只有在以下情况才适用于非欧几里得连续区，即相对于已经定义的尺寸（"距离"），我们考察的连续区部分越小，其行为就越接近一个欧几里得系统。

26

+

狭义相对论的空时连续区可以当作欧几里得连续区

现在我们可以更精确地表述在第 17 节只是含糊提到的闵可夫斯基的思想。根据狭义相对论，某些坐标系对描述四维空时连续区具有优先性，我们称之为"伽利略坐标系"。正如本书第一部分详细论述的那样，对这些坐标系而言，确定一个事件或者（换句话说）确定四维连续区的一个点所使用的四个坐标 x, y, z, t 在物理上有简单的定义。从一个伽利略坐标系过渡到相对于它做匀速运动的另一个伽利略坐标系时，洛伦兹变换方程有效。这些方程构成了导出狭义相对论推论的基础，它们只不过表述了光的传播定律普遍适用于一切伽利略参照系。

闵可夫斯基发现洛伦兹变换满足以下简单条件。考虑两个相邻事件，它们在四维连续区中的相对位置由相对于伽利略参照物 K 的空间坐标差 dx, dy, dz 和时间差 dt 给出。假定这两个事件相对于另一个伽利略坐标系的相应的差为 dx'，dy'，dz'，dt'，则后者之间总是满足条件：

$$dx^2 + dy^2 + dz^2 - c^2dt^2 = dx'^2 + dy'^2 + dz'^2 - c^2dt'^2$$

由这个条件可以推出洛伦兹变换的有效性。对此我们可以表述如下：属于四维空时连续区的两个相邻点的量

$$ds^2 = dx^2 + dy^2 + dz^2 - c^2dt^2$$

对于一切优先的（伽利略）参照物都有相同的值。如果用 x_1，x_2，x_3，x_4 替换 x，y，z，$\sqrt{-1}ct$，我们也可得出这一结果，即

$$ds^2 = dx_1^2 + dx_2^2 + dx_3^2 + dx_4^2$$

与参照物的选取无关。我们把量 ds 称为两个事件或两个四维点之间的"距离"。

因此由前一节的论述可得，如果选取虚变量 $\sqrt{-1}ct$ 而不是实量 t 作为时间变量，我们就可以根据狭义相对论把空时连续区理解成一个"欧几里得"四维连续区。

27

+

广义相对论的空时连续区
不是欧几里得连续区

在本书第一部分，我们利用了可以作为一种简单而直接的物理解释的空时坐标，而且根据第 26 节的论述，可以把这些空时坐标解释成四维笛卡尔坐标。之所以能够这样做，是以光速恒定定律为基础的。然而根据第 21 节的论述，广义相对论无法坚持这个定律，因为由广义相对论可以推出，如果存在一个引力场，则光速必定总是依赖于坐标。我们在第 23 节还结合一个具体例子发现，引力场的存在使得曾在狭义相对论中使我们实现目标的那种坐标和时间定义变得不再有效。

鉴于这些思考结果，我们确信，根据广义相对性原理，不能把空时连续区理解成一个欧几里得连续区；不过这里有一个一般情形，对应于那个作为二维连续区的温度随位置变化的桌面。正如那里不可能用等长的小杆构造出一个笛卡尔坐标系一样，这里也不可能用刚体和钟建立这样一个系统

（参照物），使相互之间有确定安排的量杆和钟可以直接指示位置和时间。这是我们在第 23 节遇到的困难的实质所在。

但是第 25 节和第 26 节的论述为我们指出了克服这个困难的道路。我们以任意方式把四维空时连续区与高斯坐标联系起来。我们为连续区的每一个点（事件）分配四个数 x_1，x_2，x_3，x_4（坐标），这些数并无直接的物理所指，而只是为了用一种确定而任意的方式给连续区的各点编号。这种安排甚至并不一定要把 x_1，x_2，x_3 理解成"空间"坐标，而把 x_4 理解成"时间"坐标。

读者可能会认为，对世界的这样一种描述是十分不充分的。如果 x_1，x_2，x_3，x_4 这些特定的坐标本身并无所指，那么把这些坐标分配给一个事件有何意义？但更仔细的思考表明，这种担心是没有根据的。比如考察一个正在做任意运动的质点。如果这个点只是瞬时存在而不是持续的，那么这个点可以由单一的数值组 x_1，x_2，x_3，x_4 给出空时描述。因此，这个点的持续存在需要由无穷多个这样的数值组来描述，而且其坐标值要连续紧密排列；这个质点对应于四维连续区中的一条（一维的）线。同样，许多运动的点也对应于我们连续区中这样的线。关于这些点的陈述中要求具有物理实在性实际上只有关于这些点会合的那些陈述。在我们的数学表述中，这种会合表达为，描述点的运动的两条线共有一组特定的坐

标值 x_1，x_2，x_3，x_4。经过深入思考，读者无疑会承认，这种会合实际上是我们在物理陈述中遇到的具有时空性质的唯一实际证据。

此前我们相对于一个参照物来描述一个质点的运动时，我们给出的仅仅是这个点与这个参照物特定点的会合。我们也可以通过查明物体与钟的会合以及钟的指针与表盘上特定点的会合来确定所属的时间值。稍加考虑就会明白，用量杆进行空间测量的情况正是如此。

一般而言，任何物理描述都可以分成若干个陈述，每一个陈述都涉及事件 A 与事件 B 的空时重合。在高斯坐标中，每一个这样的陈述都是通过四个坐标 x_1，x_2，x_3，x_4 的相符来表达的。因此，实际上用高斯坐标对时空连续区所做的描述可以完全取代借助于一个参照物所做的描述，而不会有后一描述方式的缺点；因为前一描述方式不必受所描述连续区的欧几里得性质的约束。

28
广义相对性原理的严格表述

现在我们可以用一种对广义相对性原理的严格表述来取代第 18 节给出的临时表述。当时的表述形式是，"对描述自然现象（表述普遍的自然定律）而言，所有参照物 K、K' 等都是等价的，无论其运动状态如何"。这种表述形式是不可能维持下去的，因为在狭义相对论所遵循的方法的意义上把刚性参照物用于空时描述一般来说是不可能的。必须用高斯坐标系来取代参照物。符合广义相对性原理的基本思想是以下陈述："对表述普遍的自然定律而言，所有高斯坐标系都是原则上等价的。"

我们还可以用另一种形式来表述这个广义相对性原理，这种形式比狭义相对性原理的自然推广更清楚。根据狭义相对论，当我们通过洛伦兹变换，用一个新参照物 K' 的空时变量 x', y', z', t' 来取代一个（伽利略）参照物 K 的空时变量

x，y，z，t 时，表达普遍自然定律的方程会变成相同形式的方程。而根据广义相对论，对高斯变量 x_1，x_2，x_3，x_4 运用**任意代换**，这些方程都会变成相同形式的方程；因为任何变换（不仅仅是洛伦兹变换）都相当于从一个高斯坐标系过渡到另一个高斯坐标系。

如果不愿放弃已经习惯的对事物的三维看法，我们可以这样来描述广义相对论基本思想的发展：狭义相对论与伽利略区域有关，亦即与无引力场的区域有关。充当参照物的是一个伽利略参照物，它是一个刚体，对其运动状态的选取必须使伽利略定律相对于它成立，即"孤立的"质点做匀速直线运动。

某些考虑使我们想到，也应把同样的伽利略区域与**非伽利略**参照物联系起来。于是相对于这些参照物就存在着一种特殊的引力场（第 20 节和第 23 节）。

但是在引力场中并不存在具有欧几里得性质的刚体，因此刚性参照物的虚构在广义相对论中不管用。钟的运转也受引力场的影响，以至于直接借助于钟而做出的物理时间定义根本达不到狭义相对论中的那种合理性。

因此，我们使用非刚性参照物，它们不仅整个做任意运动，而且在运动过程中可以发生任意形变。钟用来定义时间，其运转可以遵从任意的定律，哪怕是不规则的。我们设想每一个钟都固定在这个非刚性参照物的某一点上。这些钟只满足一个条件，即从（空间中）相邻的钟同时读出的读数相差无穷小。这个非刚性参照物（我们不妨称之为"软体动物参照物"）本质上等价于任一高斯四维坐标系。与高斯坐标系相比，这个"软体动物"具有某种直观性，因为它从形式上保留了（这实际上是不合理的）空间坐标与时间坐标的单独存在。只要把这个软体动物当成参照物，我们就把这个软体动物上的每一点都当成空间点来处理，把相对于这个点保持静止的每一个质点都看成静止的。广义相对性原理要求，所有这些软体动物都可以用作参照物来表述普遍的自然定律，在这方面它们有同样的权利，也会取得同样的成功；这些定律应与软体动物的选择完全无关。

广义相对性原理所含的威力正在于它由此对自然定律所做的广泛限制。

29
基于广义相对性原理解决引力问题

倘若读者理解了此前的所有论述，理解解决引力问题的方法就不会再有困难。

我们从考察一个伽利略区域开始，即相对于伽利略参照物 K 不存在引力场的一个区域。量杆和钟相对于 K 的行为已由狭义相对论得知，"孤立的"质点的行为也是已知的；后者做匀速直线运动。

现在，我们把这个区域与作为参照物 K' 的一个任意高斯坐标系或"软体动物"联系起来。于是相对于 K' 就存在着一个（特殊种类的）引力场 G。我们只通过换算来了解量杆和钟以及自由运动的质点相对于 K' 的行为。我们把这种行为解释成量杆、钟和质点在引力场 G 作用下的行为。这里我们引入一个假说，即引力场对量杆、钟和自由运动质点的影响将按照同样的定律发生，即使当前的引力场**无法**通过纯粹的坐标变换从伽利略的特殊情形推导出来。

接下来要研究通过纯粹的坐标变换从伽利略的特殊情形推导出来的引力场 G 的空时行为，并将这种行为表述成一个定律，无论被用于描述的参照物（软体动物）如何选取，该定律始终是有效的。

但这个定律还不是**普遍的**引力场定律，因为所研究的引力场很特殊。为了得出普遍的引力场定律，还需要对上述定律加以推广。为此，我们可以考虑以下要求：

（1）所寻求的推广也必须满足广义相对性公设。

（2）如果所考察的区域中有物质存在，那么对它激发出一个场的效应而言，只有它的惯性质量是决定性的，根据第15节的论述，也就是只有它的能量是决定性的。

（3）引力场和物质必须都满足能量（和冲量）守恒定律。

最后，广义相对性原理使我们能够确定引力场相对于不存在引力场时根据已知定律发生的所有过程，亦即已被纳入狭义相对论的所有过程的影响。在这方面，我们原则上按照此前对于量杆、钟和自由运动质点加以解释的方法来进行。

如此由广义相对性公设导出的引力论的优胜之处不仅在于它的美；它不仅消除了第21节中阐明的经典力学的缺陷，解释了惯性质量与引力质量相等的经验定律，而且也解释了经典力学无法说明的两个本质上不同的天文观测结果。其中第二个结果我们已经提到过，即光线在太阳引力场作用下会发生弯曲；第一个结果则与水星轨道有关。

如果把广义相对论的方程限定于以下情形，即可以认为引力场很弱，而且相对于坐标系运动的所有质量的速度与光速相比都很小，那么作为第一级近似，我们就得到了牛顿的理论。这里无需任何特别假定就可以得到牛顿的理论，而牛顿当时却必须引入这样的假说，即相互作用的质点之间的吸引力与质点之间距离的平方成反比。如果提高计算精度，它与牛顿理论的偏差就会显示出来，但由于这一偏差相当小，几乎所有偏差都无法观测出来。

其中一个偏差需要我们特别注意。根据牛顿的理论，行星沿椭圆轨道绕太阳运转。如果其他行星对所考察行星的作用以及恒星本身的运动能够忽略不计，那么这个椭圆轨道相对于恒星的位置将永远保持不变。因此，如果牛顿的理论严格正确，而且这两种影响可以忽略不计，那么行星轨道将是一个相对于恒星固定不变的椭圆。除了距离太阳最近的行星——水星，这个可做精确验证的推论对于所有其他行星均已得到精确证实，其精度是目前可能达到的观测灵敏度所允许达到的精度。而对于水星，自勒维耶（Leverrier）以来我们已经知道，其椭圆轨道经过上述修正后相对于恒星并非固定不动，而是极为缓慢地在轨道平面上转动。椭圆轨道的这个旋转运动的值是每世纪 43 弧秒，精确度在几弧秒以内。经典力学只能借助于不大可能的假说对这种现象进行解释，提出这些假说完全是为了解释这种现象。

根据广义相对论，每一个绕日运转的行星的椭圆轨道都必然以上述方式转动。除水星外，所有行星的这种转动都太小，还无法凭借当今所能达到的观测精度查明。但对水星而言，它必须达到每世纪 43 弧秒，此结果与观测结果精确相符。

除此之外，迄今为止由广义相对论还只能得出一个可用观测加以检验的推论，即从大恒星传到我们这里的光的谱线与在地球上以类似方式（即由同一种分子）产生的光谱线相比较会有位移产生。我毫不怀疑，广义相对论的这个推论很快也能得到证实。

第三部分

对整个宇宙的一些思考

30
牛顿理论在宇宙论方面的困难

　　除了第 21 节所陈述的困难之外，经典天体力学还有另一个基本困难，据我所知，天文学家西利格（Seeliger）最早对它做了详细讨论。如果认真思考一下应当如何看待整个宇宙，我们最先想到的回答大概是这样的：宇宙在空间上（和时间上）是无限的。到处存在着星体，因此虽然物质密度就细部而言变化很大，但平均说来是处处相同的。换句话说，无论我们在宇宙空间中走得多么远，处处都会遇到种类和密度大致相同的星群。

　　这种看法与牛顿理论并不一致。牛顿理论要求宇宙具有某种中心，中心处的星群密度最大，从中心向外走，星群密度逐渐减小，直至在极远处成为一个无限的空虚区域。恒星宇宙必定构成了无限空间海洋中的一个有限岛屿。[1]

　　这种看法本身已经不太让人满意。更令人不满的是它导致了如下推论：恒星发出的光以及恒星系中的各个恒星不停地奔向无限的空间，一去不复返，也永远不再与其他自然物发生相互作用。这样一个物质在有限处聚集成团的宇宙必定会系统地逐渐贫乏下去。

　　为了避免这些推论，西利格对牛顿定律做了修改，他假定对很大的距离而言，两质量之间的吸引力要比按照平方反比律 $\frac{1}{r^2}$ 减小得更快些。这样一来，物质的平均密度便可能处处恒定，至无限远处，而不会产生无限大的引力场。这样我们就摆脱了物质宇宙应当具有某种中心那样的让人不舒服的观念。当然，为了摆脱上述理论困难我们付出了代价，那就是对牛顿定律做了既无经验根据又无理论根据的修改和复杂化。我们可以想出任意多个定律来实现同样的目的，而无法解释为何其中一个定律要比其他定律更好；因为这些定律中的任何一个和牛顿定律一样都没有建立在更为普遍的理论原理基础之上。

1　证明：根据牛顿理论，来自无限远处且终止于质量 m 的"力线"的数目与质量 m 成正比。如果宇宙中的平均质量密度 ρ_0 是恒定的，则一个体积为 V 的球包含平均质量 $\rho_0 V$。因此，穿过球面 F 进入球内的力线数与 $\rho_0 V$ 成正比，穿过单位球面积进入球内的力线数与 $\rho_0 \frac{V}{F}$ 或 $\rho_0 R$ 成正比。于是，随着球半径 R 的增长，球面上的场强会变成无限大，而这是不可能的。

31
一个有限无界宇宙的可能性

但是，对宇宙结构的思索也沿着另一个完全不同的方向进行。非欧几里得几何学的发展使人认识到，我们可以对空间的无限性表示怀疑，而不会与思维法则或经验发生冲突（黎曼［Riemann］，亥姆霍兹［Helmholtz］）。亥姆霍兹和庞加莱（Poincaré）已经以无比的明晰性详细讨论了这些问题，这里我只能简要提一下。

首先我们设想一个二维事件。持有扁平工具（特别是扁平的刚性量杆）的扁平生物在一个**平面**上自由走动。对它们而言，在这个平面之外无物存在，它们在其平面上观察到的发生于它们自身和扁平物体上的事件是因果封闭的。特别是，欧几里得平面几何学的构图可以借助于小杆来实现，比如利用第 24 节讨论的桌面上的网格构图法。与我们的宇宙不同，这些生物的宇宙是二维的；但与我们的宇宙相同，它们的宇宙是无限延伸的。它们的宇宙可以容纳无限多个由小杆组成的相等的正方形，也就是说，它们宇宙的体积（面积）是无限的。如果这些生物说它们的宇宙是"平面"的，那么这是有意义的，即它们能用它们的小杆按照欧几里得平面几何学进行构图，这里各个小杆永远代表同一距离，而与自身的位置无关。

现在我们再设想一个二维事件，不过这次不是在平面上而是在球面上。这种扁平生物及其量杆以及其他物体完全贴在这个球面上，无法离开它。因此，它们知觉到的整个宇宙完全是在球面上延伸。这些生物能否把它们宇宙的几何学看成二维欧几里得几何学，而把小杆看成"距离"的实现呢？它们不能这样做。因为若想实现一条直线，它们将得到一条曲线，我们这些"三维生物"会把这条曲线称为大圆，即一条具有确定有限长度的闭合的线，其长度可以用量杆来测定。同样，这个宇宙的面积是有限的，可以与由小杆组成的正方形的面积相比较。由这种考虑获得的极大魅力在于这样一种认识：**这些生物的宇宙是有限的，但又没有边界。**

但这些球面生物无需做世界旅行就能注意到，它们所居住的并不是一个欧几里得宇宙。在它们"世界"的任何一部分，只要不太小，它们都能确信这一点。从一点出发，它们沿各个方向画等长的"直线段"（从三维空间判断是圆弧），它们会把这些线段自由端的连线称为"圆"。根据平面上的欧几里得几何学，用一根小杆量出的圆的周长与用同一根小杆量出的直径之比等于常数 π，这个常数与圆的直径无关。我们的生物在其球面上会发现圆的周长与直径之比是

$$\pi \frac{\sin\left(\frac{r}{R}\right)}{\left(\frac{r}{R}\right)}$$

即一个小于 π 的值，而且圆半径与"宇宙球"的半径 R 之比越大，这个值与 π 相差就越大。凭借这个关系，球面生物就能确定其宇宙的半径 R，即使它们能够测量的仅仅是其宇宙球相对较小的一部分。但如果这个部分过小，它们就不再能够证明自己处在一个球面世界上而不是一个欧几里得平面上；球面上的一小部分与平面上同样大小的部分差别很小。

因此，如果这些球面生物居住在一颗行星上，此行星的太阳系仅占球面宇宙微乎其微的一部分，那么这些球面生物就不可能确定它们居住的宇宙是有限的还是无限的，因为它们所能经验的那部分宇宙在这两种情况下实际上都是平面的或欧几里得的。由此直接可得，对于我们的球面生物而言，圆的周长先是随着半径的增大而增大，直到达到"宇宙周长"，然后随着半径的进一步增大而逐渐减小到零。在此过程

中，圆的面积不断增大，直到最终等于整个世界球的总面积。

读者也许会感到奇怪，为什么要把我们的"生物"置于一个球面上而不是另一种闭合表面上。其理由在于，在所有闭合表面中，只有球面上的所有诸点都是等价的。虽然一个圆的周长 u 与其半径 r 之比取决于 r，但对于给定的 r，这个比值对于世界球上所有诸点都相等；这个世界球是一个"常曲率表面"。

对于这个二维球面宇宙，我们有一个三维类比，那就是黎曼发现的三维球面空间。它的所有点也都是等价的。这个球面空间有一个有限的体积（ $2\pi^2 R^3$ ），由其"半径" R 来确定。能否想象一个球面空间呢？想象一个空间只不过意味着想象我们"空间"经验的一个化身，我们在推动"刚性"物体运动时会有这种经验。在这个意义上可以想象一个球面空间。

我们从一个点沿各个方向引直线（拉绳索），并用量杆在每条线上量取距离 r。这些距离的所有自由端点都位于一个球面上。这个球面的面积（ F ）可以通过一个由量杆组成的正方形用特殊方法测量出来。如果这个宇宙是欧几里得宇宙，则 $F = 4\pi r^2$；如果这个宇宙是球面宇宙，则 F 总是小于 $4\pi r^2$。随着 r 值的增大，F 从零增大到一个由"宇宙半径"确定的最大值，但是随着 r 值的进一步增大，这个面积会逐渐减小到零。从始点发出的径向直线先是相距越来越远，后来又相互趋近，最终在始点的"对点"上重新会聚在一起；因此，它们穿越了整个球面空间。不难看出，这个三维球面空间与二维（球面）非常相似。它是有限的（体积有限），但又没有边界。

应当提到，还有另一种弯曲空间——"椭圆空间"。可以把它理解成这样一个弯曲空间，即在这个空间中，两个"对点"是同一的（无法区分的）。于是，在某种程度上可以把椭圆宇宙看成一个中心对称的弯曲宇宙。

由以上所述可知，无界的闭合空间是可以想象的。在这类空间中，球面空间（和椭圆空间）在简单性方面胜过了其他空间，因为其上所有诸点都是等价的。以上所述向天文学家和物理学家提出了一个极为有趣的问题：我们所居住的宇宙是无限的，还是像球面宇宙那样是有限的呢？我们的经验远不足以回答这个问题。但广义相对论能使我们极为确定地回答这个问题；第30节所陈述的困难也因此得到了解决。

32

以广义相对论为依据的空间结构

+

根据广义相对论，空间的几何性质并不是独立的，而是由物质决定的。因此，只有已知物质的状态并以此为基础进行思考，才能对宇宙的几何结构做出论断。根据经验我们知道，对一个适当选取的坐标系而言，星体的速度与光的传播速度相比很小。因此，如果把物质看成静止的，我们就能在粗略的近似程度上推断整个宇宙的性质。

由前面的论述我们已经知道，量杆和钟的行为受引力场的影响，也就是说受物质分布的影响。由此已经可以推出，欧几里得几何学在我们的宇宙中不可能严格有效。但可以设想，我们的宇宙与一个欧几里得宇宙偏离很小，而且计算表明，甚至连我们太阳那样大的质量对周围空间度规的影响也是极其微小的，因此上述看法显得更加可靠。我们可以想象，我们的宇宙在几何学方面的性质类似于这样一个曲面，其各个部分是不规则弯曲的，但没有什么地方与一个平面有显著偏离，宛如一个有细微波纹的湖面。这样一种宇宙可以恰当地称为准欧几里得宇宙。它在空间上是无限的。但计算表明，在一个准欧几里得宇宙中，物质的平均密度必定是零。因此这样一个宇宙不可能处处充满物质；它呈现给我们的是第30节中描绘的那幅不能令人满意的图像。

但如果这个宇宙中的平均物质密度不等于零，那么无论这个密度与零偏离多么小，这个宇宙都不是准欧几里得的。计算结果表明，如果物质是均匀分布的，则这个宇宙必然是球形宇宙（或椭圆宇宙）。由于实际上物质在细节上的分布并非均匀，因此实际的宇宙在各个部分上会偏离球形，即宇宙将是准球形的。但这个宇宙必然是有限的。事实上，这个理论为我们提供了宇宙的空间延伸与宇宙物质的平均密度之间的一种简单关系。[1]

1 宇宙 "半径" R 满足方程 $R^2 = \dfrac{2}{\kappa\rho}$

在此方程中运用厘米·克·秒制，得出 $\dfrac{2}{\kappa} = 1.08 \times 10^{27}$；$\rho$ 是物质的平均密度。

附　录

1

洛伦兹变换的简单推导

[补充第 11 节]

　　根据图 2 所示坐标系的相对指向，这两个坐标系的 X 轴始终是重合的。这里我们可以把问题分成几部分，首先只考察位于 X 轴上的事件。这样一个事件相对于坐标系 K 由横坐标 x 和时间 t 给出，相对于坐标系 K' 则由横坐标 x' 和时间 t' 给出。给定 x 和 t，要求 x' 和 t'。

　　沿正 X 轴前进的一个光信号的传播遵循方程

$$x = ct$$

或

$$x - ct = 0 \qquad (1)$$

由于同一光信号相对于 K' 也应以速度 c 传播，因此相对于 K' 的传播将由类似的公式

$$x' - ct' = 0 \tag{2}$$

来描述。满足（1）的那些空时点（事件）必须也满足（2）。这显然是成立的，只要关系

$$(x' - ct') = \lambda(x - ct) \tag{3}$$

一般被满足，其中 λ 是一个常数；因为根据（3），$x - ct$ 等于零时，$x' - ct'$ 必然也等于零。

如果把完全类似的思考运用于沿负 X 轴传播的光线，我们就得到条件

$$(x' + ct') = \mu(x + ct) \tag{4}$$

把方程（3）和（4）相加和相减，并且为方便起见引入常数 a 和 b

$$a = \frac{\lambda + \mu}{2}$$

$$b = \frac{\lambda - \mu}{2}$$

代替常数 λ 和 μ，则得到方程

$$\left.\begin{array}{l} x' = ax - bct \\ ct' = act - bx \end{array}\right\} \tag{5}$$

因此若已知常数 a 和 b，问题便得到了解决。a 和 b 可以通过以下思考来得到。

对 K' 的原点而言总有 $x'=0$，因此根据（5）的第一个方程

$$x = \frac{bc}{a}t$$

设 K' 的原点相对于 K 的运动速度为 v，则有

$$v = \frac{bc}{a} \tag{6}$$

如果计算 K' 的另一点相对于 K 的速度，或者 K 的一点相对于 K' 的（指向负 X 轴的）速度，我们就能从方程（5）得出同样的值 v。简而言之，我们可以把 v 指定为两个坐标系的相对速度。

此外，根据相对性原理，从 K 判断的相对于 K' 静止的单位量杆的长度必须精确等于从 K' 判断的相对于 K 静止的单位量杆的长度。为了看到从 K 观察 X' 轴上诸点是什么样子，我们只需从 K 对 K' 拍个"瞬间快照"；这意味着我们必须为 t

（K 的时间）指定一个特定的值，例如 t=0。对于这个值，我们由（5）的第一个方程得出

$$x' = ax$$

因此，如果在 K′ 中测量，X′ 轴上两点间的距离为 x′=1，则这两个点在我们瞬时快照中的距离为

$$\Delta x = \frac{1}{a} \qquad (7)$$

但如果从 K′（t′=0）拍瞬间快照，从方程（5）消去 t，并且考虑到（6），可得

$$x' = a(1 - \frac{v^2}{c^2})x$$

由此推出，X 轴上（相对于 K）距离为 1 的两点在我们瞬间快照中的距离为

$$\Delta x' = a(1 - \frac{v^2}{c^2}) \qquad (7a)$$

根据以上所述，这两个瞬间快照必须是完全相同的，因此（7）中的 Δx 必须等于（7a）中的 Δx′，于是我们得到

$$a^2 = \cfrac{1}{1 - \cfrac{v^2}{c^2}} \qquad (7b)$$

方程（6）和（7b）决定了常数 a 和 b。将其代入（5）即得第 11 节中给出的第一和第四方程：

$$\left.\begin{array}{l} x' = \cfrac{x - vt}{\sqrt{1 - \cfrac{v^2}{c^2}}} \\[4mm] t' = \cfrac{t - \cfrac{v}{c^2}x}{\sqrt{1 - \cfrac{v^2}{c^2}}} \end{array}\right\} \qquad (8)$$

这样就得到了对于 X 轴上事件的洛伦兹变换。它满足条件

$$x'^2 - c^2 t'^2 = x^2 - c^2 t^2 \qquad (8a)$$

为把这个结果推广到 X 轴之外发生的事件，只需保留方程（8）并补充关系式

$$\left.\begin{array}{l} y' = y \\ z' = z \end{array}\right\} \qquad (9)$$

这样一来，无论对于坐标系 K 还是坐标系 K'，我们都满足了

任意方向的光线在真空中速度恒定的公设。这一点可以证明如下。

设时间 $t=0$ 时从 K 的原点发出一个光信号。其传播遵循方程

$$r = \sqrt{x^2 + y^2 + z^2} = ct$$

或者两边取平方，遵循方程

$$x^2 + y^2 + z^2 - c^2 t^2 = 0 \qquad (10)$$

光的传播定律结合相对性公设要求，信号传播（从 K' 判断）应遵循相应的公式

$$r' = ct'$$

或

$$x'^2 + y'^2 + z'^2 - c^2 t'^2 = 0 \qquad (10a)$$

为使方程（10a）能由方程（10）推出，必须有

$$x'^2 + y'^2 + z'^2 - c^2 t'^2 = \sigma \left(x^2 + y^2 + z^2 - c^2 t^2 \right) \qquad (11)$$

由于方程（8a）对于 X 轴上的点必须成立，因此必须有 $\sigma=1$。不难看出，对于 $\sigma=1$，洛伦兹变换确实满足（11）；因为（11）可由（8a）和（9）推出，因此也可由（8）和（9）推出。这样就导出了洛伦兹变换。

由（8）和（9）表示的洛伦兹变换还需要加以推广。是否要把 K' 的轴选得与 K 的轴在空间中平行显然是无关紧要的。K' 相对于 K 的平移速度是否沿 X 轴方向也是无关紧要的。经过简单的考虑可得，我们可以通过两种变换建立这种广义的洛伦兹变换，这两种变换就是狭义的洛伦兹变换和纯粹的空间变换，后者对应于用一个坐标轴指向其他方向的新直角坐标系替换原有的直角坐标系。

我们可以用数学方法对这种推广的洛伦兹变换做以下描述：它用 x，y，z，t 的线性齐次函数来表示 x'，y'，z'，t'，使得关系式

$$x'^2 + y'^2 + z'^2 - c^2 t'^2 = x^2 + y^2 + z^2 - c^2 t^2 \qquad （11a）$$

被恒等地满足。也就是说：如果用 x，y，z，t 的这些线性齐次函数来替换（11a）左边的 x'，y'，z'，t'，则（11a）的左边与右边完全一致。

2

+

闵可夫斯基的四维世界
[补充第 17 节]

如果引入虚量 $\sqrt{-1}ct$ 代替 t 作为时间变量，推广的洛伦兹变换就能得到更简单的描述。如果相应地设

$$x_1 = x$$

$$x_2 = y$$

$$x_3 = z$$

$$x_4 = \sqrt{-1}ct$$

对于带撇号的坐标系 K' 也采取类似方式，那么为洛伦兹变换所恒等满足的条件可以表示为：

$$x_1'^2 + x_2'^2 + x_3'^2 + x_4'^2 = x_1^2 + x_2^2 + x_3^2 + x_4^2 \qquad (12)$$

亦即通过如此选取"坐标",（11a）就变换为这个方程。

由（12）可以看到，虚时间坐标 x_4 与空间坐标 x_1，x_2，x_3 是以完全相同的方式进入这个变换条件的。因此根据相对论，"时间" x_4 应与空间坐标 x_1，x_2，x_3 以同样的形式进入自然定律。

闵可夫斯基把这个用"坐标" x_1，x_2，x_3，x_4 描述的四维连续区称为"世界"，把表示某一事件的点称为"世界点"。于是，三维空间中的一个"**事件**"按照物理学的说法就好像变成了四维"世界"中的一个"存在"。

这个四维"世界"与（欧几里得）解析几何的三维"空间"极为相似。如果我们在后者中引入一个具有同一原点的新笛卡尔坐标系（x_1'，x_2'，x_3'），那么 x_1'，x_2'，x_3' 就是 x_1，x_2，x_3 的线性齐次函数，并且恒等地满足方程

$$x_1'^2 + x_2'^2 + x_3'^2 = x_1^2 + x_2^2 + x_3^2$$

它与（12）完全类似。我们可以从形式上把闵可夫斯基"世界"看成（带有虚时间坐标的）四维欧几里得空间；洛伦兹变换相当于坐标系在四维"世界"中的"转动"。

3

+

对广义相对论的实验证实

从系统的理论观点来看，可以把经验科学的演进过程看成一个连续不断的归纳过程。理论似乎是把大量个别经验综合成了经验定律，再由这些经验定律通过比较得出普遍定律。从这种观点来看，科学的发展与编目工作类似，它就像是一种纯粹经验性的工作。

但这种观点绝不能穷尽整个实际过程，因为它忽视了直觉和演绎思维在精确科学的发展过程中所起的重要作用。一门科学一旦走出其原始阶段，理论进展就不再仅仅通过一种整理工作来实现，而是研究者受经验事实的启发而建立起一个思想体系，该体系往往在逻辑上建基于少数基本假定即所谓的公理。我们把这样一种思想体系称为理论。理论的存在合理性在于能把大量个别经验联系起来，其"真理性"也正在于此。

可能有好几种非常不同的理论对应于同一组经验事实。从可由经验检验的推论来看，这几种理论可能十分一致，以至于很难找到有什么可由经验检验的推论，使理论彼此区分开来。例如，在生物学领域有一个普遍引起兴趣的例子，即一方面有关于生存竞争中物种选择的达尔文进化论，另一方面则有建立在获得性遗传假说基础上的进化论。

牛顿力学和广义相对论则是说明理论推论可能颇为一致的另一个例子。这两种理论是如此一致，以至于到目前为止，我们只能找到少数几个能用经验检验的广义相对论推论是以前的物理学所不能导出的，尽管理论的基本假定有着深刻的差异。这里我们将再次考察这些重要的推论，并且简要讨论迄今已经收集到的有关经验证据。

（1）水星近日点的运动

根据牛顿力学和牛顿引力定律，绕太阳运转的行星围绕太阳（或者说得更确切些，围绕太阳和行星的共同重心）描出一个椭圆。太阳或共同重心位于椭圆轨道的一个焦点上，使得在一个行星年中，太阳与行星的距离由极小增至极大，然后又减至极小。如果在计算中不运用牛顿引力定律，而是引入一个不太相同的引力定律，我们就会发现，根据这个定律，在行星运动过程中太阳与行星的距离仍会周期性起伏；

但在这样一个周期中［从近日点到近日点］，太阳与行星的连线所扫过的角度将不是 360 度。于是，轨道曲线将不再闭合，随着时间的推移它将填满轨道平面的一个环形部分（介于最小行星距离的圆和最大行星距离的圆之间）。

根据广义相对论（它当然不同于牛顿理论），行星的轨道运动应与牛顿-开普勒的轨道运动有微小偏离，太阳-行星矢径从一个近日点到下一个近日点所扫过的角度要比运转整个一周的角度（根据物理学中惯用的绝对角度，这个角度为 2π）超出

$$\frac{24\pi^3 a^2}{T^2 c^2 (1-e^2)}$$

（其中 a 是椭圆的半长轴，e 是椭圆的偏心率，c 是光速，T 是行星的运转周期）。我们也可以这样来表述：根据广义相对论，椭圆的长轴像行星一样围绕太阳运转。理论要求，这个转动对水星而言应为每世纪 43 弧秒，但对我们太阳系的其他行星而言，这个转动太小，必定无法证实。

事实上天文学家已经发现，利用牛顿理论不足以计算出达到当时观测精度的水星运动观测结果。在考虑到其余行星对水星的全部干扰影响之后，人们发现（勒维耶于 1859 年，纽科姆［Newcomb］于 1895 年）仍然有一个水星轨道近日点的运

动问题没有得到解释，其数值大约是上述的每世纪 +43 弧秒。这项经验结果与广义相对论的结果相一致，其不确定性只有几弧秒。

（2）光线在引力场中的偏转

我们在第 22 节已经提到，根据广义相对论，光线穿过引力场时会发生弯曲，类似于抛射体穿过引力场时发生的弯曲。据此，掠过天体的光线将朝着天体发生偏转。掠过距离太阳中心 Δ 个太阳半径处的一束光线的偏转角（α）应为

$$\alpha = \frac{1.7''}{\Delta}$$

可以补充一句，根据理论，这个偏转的一半缘于太阳的（牛顿）引力场，另一半缘于太阳引起的空间几何改变（"弯曲"）。

这个结果可以通过日全食期间对恒星进行拍照而做出实验检验。之所以必须等待日全食，是因为在所有其他时间，太阳光对大气的照射太过强烈，以致看不见太阳附近的恒星。所预言的现象如图 4 所示。如果没有太阳 S，那么我们可以在 R_1 方向上看到一颗几乎无限远的恒星。但是由于太阳所引起的偏转，我们将在 R_2 方向上看到这颗恒星，也就是说它的视位置要比真位置距离太阳中心更远一些。

检验是以如下方式实际进行的。在日食期间对太阳附近的恒星进行拍照。当太阳位于天空中的其他位置时（更早或更晚几个月时）再对这些恒星拍一张照。与标准照片相比，日食期间拍摄的恒星位置应当沿径向向外（远离太阳的中心）移动一段距离，对应于角 α。

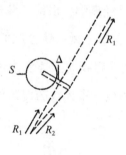

图 4

感谢英国皇家学会和皇家天文学会验证了这个重要结论。它们不为战争和由此导致的心理困难所动摇，配备了两支远征队分赴巴西的索布拉尔（Sobral）和西非的普林西比（Principe）岛，并派出若干位非常著名的天文学家（爱丁顿［Eddington］、柯庭汉［Cottingham］、克罗姆林［Crommelin］、戴维森［Davidson］）拍摄了 1919 年 5 月 29 日的日食照片。由于预期的日食照片与标准照片之间的相对偏离只有 1 毫米的百分之几，因此对拍摄和测量的精度都有很高要求。

　　测量结果非常圆满地证实了这个理论。观测和计算的恒星偏离（以弧秒计）的直角分量如下表所示[1]：

恒星号码	第一坐标		第二坐标	
	观测值	计算值	观测值	计算值
11	−0.19	−0.22	+0.16	+0.02
5	+0.29	+0.31	−0.46	−0.43
4	+0.11	+0.10	+0.83	+0.74
3	+0.20	+0.12	+1.00	+0.87
6	+0.10	+0.04	+0.57	+0.40
10	−0.08	+0.09	+0.35	+0.32
2	+0.95	+0.85	−0.27	−0.09

（3）光谱线的红移

　　第 23 节曾经表明，在相对于伽利略坐标系 K 转动的坐标系 K' 中，构造完全相同的静止钟的走速与其位置有关。现在我们要对这个依赖关系做定量研究。位于距圆盘中心 r 处的钟相对于 K 的速度为

$$v = \omega r$$

其中 ω 为圆盘（K'）相对于 K 的转动角速度。设 v_0 表示此钟静止时在单位时间里相对于 K 的滴答次数（钟的走速），则根据第 12 节，相对于 K 以速度 v 运动且相对于圆盘静止的钟

1　这个表中德文版与英文版不一致，现按 1920 年的论文修正符号。——译者注

的走速为

$$v = v_0 \sqrt{1 - \frac{v^2}{c^2}}$$

或足够精确的

$$v = v_0 (1 - \frac{1}{2} \frac{v^2}{c^2})$$

或与之相同的

$$v = v_0 (1 - \frac{\omega^2 r^2}{2c^2})$$

设 Φ 为钟的位置与圆盘中心之间的离心力势差，亦即把单位质量从运动圆盘上钟的位置移到圆盘中心克服离心力所要做的功（取负值），则

$$\Phi = -\frac{\omega^2 r^2}{2}$$

于是有

$$v = v_0 (1 + \frac{\Phi}{c^2})$$

由此我们首先看到，两个构造相同的钟如与圆盘中心的距离不同，则走速也不同。在一个随圆盘转动的观察者看来，该结果也成立。

现在（从圆盘来判断）存在着一个引力场，引力场的势为 Φ，因此这个结果对引力场普遍成立。此外，我们可以把一个发出光谱线的原子看成一个钟，于是以下命题成立：

原子吸收或发出的光的频率与该原子所在的引力场的势有关。

位于天体表面上的原子的频率要略低于位于自由空间中的（或位于一个较小天体表面上的）同一元素的原子的频率。由于 $\Phi = -\dfrac{KM}{r}$，其中 K 是牛顿引力常数，M 是天体质量，r 是天体半径，因此，同一元素在恒星表面上产生的光谱线相对于在地球表面上产生的光谱线会发生红移

$$\frac{v - v_0}{v_0} = -\frac{K}{c^2}\frac{M}{r}$$

对太阳而言，理论预测的红移约为波长的百万分之二。对于恒星则无法做出可靠的计算，因为质量 M 和半径 r 一般都是未知的。

这种效应是否存在是一个悬而未决的问题，目前（1920年）天文学家正以极大的热情致力于回答它。对太阳而言

这种效应很小，因而难以判断。格雷伯（Grebe）和巴赫姆（Bachem）（波恩）根据他们自己的测量以及埃弗谢德（Evershed）和施瓦茨希尔德（Schwarzschild）对所谓氰光谱带的测量，认为这种效应几乎肯定存在；而其他研究者，特别是朱利叶斯（W. H. Julius）和约翰（S. John），根据他们的测量结果得出了相反的看法，亦即不相信迄今为止的经验材料的证明力。

对恒星的统计研究表明，朝着光谱长波一侧的谱线移动肯定是存在的；但这些移动是否真由引力效应所引起，迄今为止对现有材料的考察还得不出任何确定的结论。弗洛因德里希（E. Freundlich）的论文《广义相对论的验证》（"Prüfung der allgemeinen Relativitätstheorie", *Die Naturwissenschaften* 1919, H. 35, S. 520. Verlag Jul. Springer, Berlin）已将观测材料收集在一起，并从我们这里感兴趣的问题的角度对其做了详细讨论。

无论如何，接下来几年我们会得出确定的结论。倘若引力势导致的谱线红移并不存在，那么广义相对论就无法成立。而如果谱线移动确为引力势所引起，那么研究这种移动将会提供关于天体质量的重要说明。

4

与广义相对论相关联的空间结构

[补充第 32 节]

+

自从这本小册子首版以来，我们对宇宙空间结构的认识（"宇宙论问题"）已有重要发展，即使是一本通俗著作，也应当对此有所提及。

我原先关于这个问题的论述基于两个假设：

（1）整个空间中物质的平均密度处处相同且不等于零；

（2）空间的大小（或"半径"）与时间无关。

事实证明，根据广义相对论，这两个假设是一致的，但只有在场方程中添加一个假设项之后才是如此，而这一项既非理论本身的要求，从理论观点看也显得不自然（"场方程的宇宙学项"）。

在我当时看来假设（2）是不可避免的，因为我当时认为，如果取消这个假设，就会陷入无休止的思辨。

但苏联数学家弗里德曼（Friedman）早在 20 世纪 20 年

代就已经发现，从纯粹的理论观点看来，做一种不同的假设是自然的。他认识到，如果决心放弃假设（2），那么有可能保留假设（1）而不必在引力场方程中引入这个不大自然的宇宙学项。也就是说，原先的场方程允许有这样一个解，其中"宇宙半径"依赖于时间（膨胀的空间）。在这个意义上我们可以断言，按照弗里德曼的观点，这种理论要求空间膨胀。

几年以后，哈勃（Hubble）对河外星云（"银河"）的研究表明，此星云发出的光谱线有红移，此红移随着星云距离的增加而规则性地增大。根据我们现有的知识，这种现象可以在多普勒原理的意义上解释为整个恒星系的一种膨胀运动——根据弗里德曼的研究，这是引力场方程所要求的。因此，哈勃的发现在某种程度上是对理论的确证。

但这里确实有一个值得注意的困难。如果把哈勃发现的银河光谱线移动解释为一种膨胀（从理论上说这没有多少疑问），那么据此推断，这种膨胀"仅仅"开始于大约 10 亿年前；而根据物理天文学，个别恒星和恒星系的发展需要长得多的时间。如何克服这种不一致，目前仍不清楚。

还需要注意，由空间膨胀理论连同天文学的经验数据还不能得出关于（三维）空间是有限还是无限的结论，而原先的空间静态假设则导出了空间的闭合性（有限性）。

5

+

相对性与空间问题

牛顿物理学的典型特征是，除了物质，空间和时间也有独立的实际存在性。这是因为牛顿的运动定律中出现了加速度的概念。但是在这种理论中，加速度只可能指"相对于空间的加速度"。因此，要使牛顿运动定律中出现的加速度能被看成一个有意义的量，就必须把牛顿的空间看成"静止的"或至少是"非加速的"。对同样进入加速度概念的时间而言，情况也是类似。牛顿本人以及当时最具批判性的人都感到，认为空间本身和空间的运动状态都具有物理实在性是令人不安的；但为使力学具有明确的意义，当时没有其他出路。

把物理实在性一般地归于空间尤其是空的空间，的确是一种过分的要求。自古以来的哲学家已经一再拒绝做这样的苛求。笛卡尔大体上是这样论证的：空间与广延本质上是同一的，但广延是与物体相联系的，因此没有物体就没有空间，亦即没有空的空间。这个论证的弱点主要在于：他认为广延概念起源于我们放置固体或使固体接触的经验，这一点固然是对的，但不能由此推出，广延概念在不能形成广延概念的情况下就是不合理的。对概念的这样一种推广的合理性，也可以通过它对于理解经验的价值来间接证明。因此，断言广延与物体相联系本身肯定是没有根据的。不过我们后面会看到，广义相对论迂回地确证了笛卡尔的看法。笛卡尔之所以能够得出他那非同寻常的看法，必定是由于感觉到，除非迫不得已，我们不应认为像空间这样无法"直接体验"[1]的东西具有实在性。

空间概念的心理起源或这一概念的必然性绝非我们通常认为的那样明显。古代几何学家处理的是思想对象（直线、点、面），而没有像解析几何后来所做的那样真正处理空间本身。不过经由某些原始经验，空间概念仍然容易被人想到。假定我们造了一个箱子。我们可以按照某种方式把物体排列在箱子里，将它装满。这种排列的可能性是箱子这个物体的属性，这是某种随箱子而给定的东西，是被箱子"包围的空间"。这个"被包围的空间"因不同的箱子而异，我们很自然地认为它在任何时候都不依赖于箱子里面是否有物体存在。

1　对这一表述需要持一种怀疑态度。

当箱子里面没有物体时，箱子的空间似乎就是"空的"。

到目前为止，我们的空间概念是与箱子联系在一起的。然而，构成箱子空间的存放可能性并不依赖于箱壁的厚薄。难道不能把箱壁厚度缩减为零而又不使这个"空间"消失吗？这样一种极限过程当然是很自然的。于是我们的思想中就有了一个没有箱子的空间，一种自存的东西；尽管如果我们忘记这个概念的起源的话，它会显得很不实在。我们看到，认为空间不依赖于物体而且可以没有物质而存在，这与笛卡尔是格格不入的。[1]（但这并没有妨碍他在其解析几何中把空间作为基本概念来处理。）当人们指出水银气压计中的真空时，肯定已经消除了最后一批笛卡尔主义者的疑虑。但不可否认，即使在这个原始阶段，空间概念或者被视为独立的实在之物的空间就已经不太令人满意了。

用何种方式能把物体置于空间（箱子）之中是三维欧几里得几何学的研究对象，后者的公理结构很容易使人忘记它所涉及的仍然是可以实现的情况。

如果空间概念是按照上述方式形成的，并且从"填满"箱子的经验推论下去，那么这个空间首先是一个**有界的**空间。

---

1 康德曾试图通过否认空间的客观性来消除这个困难，但这种努力几乎无法认真对待。由箱内空间所体现的存放可能性是客观的，正如箱子本身以及可放入箱子的物体是客观的一样。

但这种有界性似乎是无关紧要的，因为我们似乎总能用一个较大的箱子把较小的箱子包含进去。这样看来，空间又像是某种无界的东西。

这里我不准备讨论关于空间的三维性和"欧几里得性"的观念如何能够追溯到（较为原始的）经验，而是先从其他角度考察一下空间概念在物理思想发展过程中所起的作用。

当一个小箱子 s 在一个大箱子 S 空的空间内部处于相对静止时，s 的空的空间就是 S 的空的空间的一部分，把这两个空的空间包括进去的同一个"空间"属于这两个箱子。然而，当 s 相对于 S 运动时，这个概念就不那么简单了。那样一来，人们就倾向于认为 s 总是包围着同一空间，不过是空间 S 的一个可变部分。这样就需要为每一个箱子分配其特殊的（被认为无界的）空间，并且假定这两个空间彼此做相对运动。

在这种复杂状况引起注意之前，空间就像是物体在其中游来游去的一种有界的介质（容器）。但现在必须认为，有无限多个空间彼此做相对运动。认为空间是一种不依赖于物质的客观存在，这种概念已经属于前科学思想，而认为存在着无限多个做相对运动的空间却并非如此。后一观念虽然在逻辑上是不可避免的，但在科学思想中远未起过重要作用。

那么，关于时间概念的心理起源又是什么情况呢？时间概念无疑是与"回忆"联系在一起的，而且也与感觉经验和对这些感觉经验的回忆之间的区分相联系。感觉经验与回忆（或纯粹的想象）之间的区分是否在心理上被我们直接把握到，这一点本身就是有疑问的。每一个人都有过这样一种体验，即怀疑某件事是真正通过感官经验到的，抑或仅仅是一个梦。这种区分的产生可能最初缘于创造秩序的心灵的一种活动。

"回忆"是与一个经验联系在一起的，此经验与"当下经验"相比是"较早的"。这是一种关于（被思想的）经验的概念排序原则，而实现这个原则的可能性就产生了主观的时间概念，亦即关于个人经验秩序的时间概念。

时间概念的客观化。例如，甲（"我"）有一个"打闪了"的经验。同时甲还经验到乙的这样一种行为，他将乙的行为与他本人的经验"打闪了"联系起来。这样甲就把"打闪了"的经验归于乙。甲会认为其他人也参与了"打闪了"的经验。现在，"打闪了"不再被理解成完全个人的经验，而是理解成其他人的经验（或者最终仅仅理解成一种"潜在经验"）。这样就产生了一种理解："打闪了"原本是作为"经验"进入意识的，现在也被理解成一个（客观的）"事件"了。当我们谈到"实在的外部世界"时，所指的就是所有事件的化身。

我们已经看到，我们感到必须为经验规定这样一种时间次序：如果 β 迟于 α，而 γ 又迟于 β，则 γ 也迟于 α（"经验次序"）。在这方面，我们已经与经验联系起来的"事件"的情况又如何呢？初看起来，似乎显然可以假定事件的时间次序是存在的，它与经验的时间次序是一致的。人们一般已经不自觉地做出了这个假定，直到产生怀疑为止。[1]

为使世界客观化，还需要有一种建设性的观念：事件不仅位于时间中，而且也位于空间中。

前面我们试图描述空间、时间和事件诸概念如何能在心理上与经验联系起来。从逻辑上说，这些概念都是人类理智的自由创造，是思维的工具，它们能把经验联系在一起，以便更好地看清楚这些经验。尝试认识这些基本概念的经验起源，应当表明我们实际上在多大程度上受这些概念的约束。这样我们就可以意识到我们的自由，在必要的情况下理智地运用这种自由总是一件困难的事情。

关于空间-时间-事件诸概念（我们将把它们简称为"类空"概念，以有别于心理学领域的概念）的心理起源，我们还要补充一些重要内容。我们曾用箱子和在箱内排列物体的例子把空间概念与经验联系起来。因此，这种概念形成已经预设了物体（如"箱子"）的概念。同样，在这方面人也起着

1　例如，通过声音获得的经验的时间次序与通过视觉获得的时间次序可以不一致，因此我们不能把事件的时间次序简单等同于经验的时间次序。

物体的作用，要想形成客观时间概念就必须引入人。因此，在我看来物体概念的形成必须先于我们的时间空间概念。

与痛苦、目标和目的等心理学领域的概念一样，所有这些类空概念已经属于前科学思想。和一般自然科学思想一样，现在物理思想的特点是力求原则上**只用**"类空"概念来说明事物，努力用这些概念来表达一切具有定律形式的关系。物理学家试图把颜色和音调还原为振动，生理学家试图把思想和疼痛还原为神经过程。这样心理因素就从事物的因果联系中消除了，因此从不构成因果联系中的一个独立环节。目前"唯物主义"（在"物质"已经失去了作为基本概念的地位之后）无疑指的正是这种观点，即认为只用"类空"概念来把握一切关系在原则上是可能的。

为什么必须把自然科学思想的基本概念从柏拉图的奥林匹斯上拖下来，试图揭示它们的尘世来源呢？回答是，为了使这些概念从与之相联系的禁令中解放出来，从而在概念形成方面获得更大的自由。休谟（D. Hume）和马赫最先提出这种批判性的思考，这是他们的不朽功绩。

科学将空间、时间和物体（尤其是重要的特殊情形"固体"）的概念从前科学思想中接过来加以修正和精确化。这方面的第一项重要成就是欧几里得几何学的发展。我们绝不能只看到欧几里得几何学的公理表述而看不到它的经验起源（固体的存放可能性）。特别是，空间的三维性和欧几里得特征都起源于经验（空间可以用结构相同的"立方体"完全填满）。

由于发现完全刚性的物体是不存在的，空间概念变得更加微妙了。一切物体都可以发生弹性形变，温度变化时体积会发生改变。因此不能脱离物理内容来表示形体（其可能的存放由欧几里得几何学来描述）。但由于物理学必须利用几何学来确立其概念，因此几何学的经验内容只有在整个物理学的框架中才能陈述和检验。

在这方面还必须考虑原子论及其对物质有限可分性的看法，因为亚原子广延的空间是无法量度的。原子论还迫使我们原则上不再认为可以静态地清晰确定固体的界面。严格说来，甚至在宏观领域也没有关于固体存放可能性的独立定律。

尽管如此，没有人想过要放弃空间概念。因为在极为有效的整个自然科学体系中，空间概念似乎是不可或缺的。在19世纪，只有马赫认真思考过消除空间概念，他试图用所有质点当前距离的总和的概念来代替它。（他这样做是为了获得对惯性的令人满意的理解。）

场。在牛顿力学中，空间和时间起着双重作用。首先，空间和时间是物理事件发生的框架，相对于此框架，事件由空间坐标和时间来描述。物质原则上被视为由"质点"所构成，质点的运动构成了物理事件。如果物质被看成连续的，我们只能在不愿或不能描述不连续结构的情况下暂时这样做。在这种情况下，物质的微小部分（体积元）可以像质点一样做类似的处理，至少在只涉及运动而不涉及暂时不可能或者没有必要追溯到运动的那些事件（例如温度变化、化学过程）时是如此。空间和时间的第二个作用是作为"惯性系"。在所有可设想的参照系中，惯性系被认为具有优先性，因为惯性定律相对于惯性系是有效的。

这里重要的是，不依赖于经验主体而被设想的"物理实在"曾经被认为由两方面所构成，一方面是空间和时间，另一方面则是相对于空间和时间运动的持续存在的质点，至少原则上是如此。这种关于空间和时间独立存在的观念可以毫不掩饰地表达如下：如果物质消失了，余下的将只有空间和时间（作为物理事件的一种舞台）。

理论的发展克服了这种观点，这种发展最初似乎与空间时间问题毫不相干，那就是**场的概念**的出现以及它最终要求原则上取代粒子（质点）概念。在经典物理学的框架中，场的概念是在物质被看成连续体的情况下作为辅助概念出现的。例如在考察固体的热传导时，物体的状态是由物体每一点在每一个确定时刻的温度来描述的。在数学上这意味着将温度 T 表示为空间坐标与时间 t 的一个数学表达式（函数），即温度场。热传导定律被表示成一种局部关系（微分方程），其中包括热传导的所有特殊情况。这里，温度就是场的概念的一个简单例子。这样一个量（或量的复合体）是坐标和时间的函数。另一个例子是对流体运动的描述。在每一点上每一时刻都有一个速度，它由该速度相对于一个坐标系的轴的三个"分量"来做定量描述（矢量）。这里，每一个点的速度分量（场分量）也是坐标（x, y, z）和时间（t）的函数。

以上提到的场的特性是，它们只出现在有重物质内部，只是描述这种物质的一种状态。根据场的概念的发展史，没有物质的地方就没有场存在。但是在 19 世纪的前 25 年中，事实表明，如果把光看成一种与弹性固体的机械振动场完全类似的波动场，那么光的干涉和运动现象就能获得极为清晰的解释。因此人们感到有必要引入一种场，它在有重物质不存在的情况下也能存在于空的空间中。

这一事态导致了一种悖谬的局面，因为就起源而言，场的概念似乎仅限于描述有重物体内部的状态。当人们确信，每一种场都应被视为可作机械解释的状态，而这又是以物质的存在为前提的时，这一点就显得更加确定了。因此人们感到不得不假定，甚至在一向认为空无所有的空间中也到处存在着某种物质，这种物质被称为"以太"。

将场的概念从必须设置一种物质载体的假定中解放出来，

这是物理思想发展中最让人感兴趣的过程之一。19 世纪下半叶，法拉第和麦克斯韦的研究使人越来越清楚地看到，用场来描述电磁过程大大胜过了基于质点力学概念的处理方式。通过在电动力学中引入场的概念，麦克斯韦成功地预言了电磁波的存在。由于电磁波与光波的传播速度相等，它们本质上的同一性也就无可怀疑了。由此，光学原则上并入了电动力学。这项巨大成就的一个心理效果是，与经典物理学的机械论框架相对立的场的概念渐渐赢得了更大的独立性。

　　然而，人们起初还是理所当然地认为必须把电磁场解释成以太的状态，并且竭力对这种状态作出机械解释。由于这种努力总是失败，人们才慢慢习惯于放弃作这样一种机械解释。但人们仍然确信电磁场是以太的状态，世纪之交的情况就是这样。

　　以太理论带来了一个问题：在与有重物体的力学关系上，以太的情况如何呢？以太是参与物体的运动，还是以太的各个部分相对于彼此保持静止呢？为了解决这个问题，人们做了许多巧妙的实验。在这方面应当提到两个重要事实：因地球周年运动而产生的恒星的光行差以及“多普勒效应”（恒星的相对运动对于传到地球上的已知发射频率的光的频率的影响）。除了迈克耳孙–莫雷（Michelson-Morley）实验，洛伦兹根据以下假定对所有这些事实和实验都作出了解释。这个假定就是，以太不参与有重物体的运动，以太的各个部分彼此之间完全没有相对运动。这样一来，以太就像是一个绝对静止的空间的化身。但洛伦兹的研究所取得的成就还不止于此。洛伦兹基于以下假定解释了有重物体内部发生的当时已知的所有电磁过程和光学过程，即有重物质对电场的影响（以及反之）仅仅是因为物质粒子带有电荷，而电荷参与了粒子的运动。洛伦兹表明，迈克耳孙-莫雷实验的结果至少与静止以太的理论并不矛盾。

尽管有这些美妙的成功，但以太理论的状况仍然不能完全令人满意，其理由如下：经典力学（它在很高的近似程度上无疑是成立的）告诉我们，所有惯性系（或惯性空间）在表述自然定律方面都是等价的（从一个惯性系过渡到另一个惯性系，自然定律不变）。电磁学的和光学的**实验**也以极高的精度告诉我们同样的结果。然而电磁**理论**基础却告诉我们，有一个特殊的惯性系具有优先性，它就是静止的光以太。电磁理论基础的这种观点实在不能令人满意，难道没有对理论基础的修正可以（像经典力学那样）支持惯性系的等价性（狭义相对性原理）吗？

狭义相对论回答了这个问题。狭义相对论从麦克斯韦-洛伦兹理论那里接受了真空中光速恒定的假定。为使这个假定与惯性系的等价性（狭义相对性原理）相一致，就必须放弃同时性的绝对性；此外，对于从一个惯性系过渡到另一个惯性系，必须使用时间和空间坐标的洛伦兹变换。狭义相对论的全部内容都包含在以下公设中：自然定律相对于洛伦兹变换是不变的。这个要求的重要之处在于它以确定的方式限制了所有自然定律。

狭义相对论对于空间问题持什么看法？首先我们必须提防这样一种看法，认为实在世界的四维性是狭义相对论第一次引入的新看法。其实在经典物理学中，事件就由四个数来定位，即三个空间坐标和一个时间坐标；因此全部物理"事件"被认为嵌在一个四维连续流形中。但是根据经典力学，这个四维连续区客观地分解为一维的时间和三维的空间，只有三维空间才包含着同时的事件。对于一切惯性系来说，这种分解都是同样的。两个特定事件相对于一个惯性系的同时性包含着这些事件相对于一切惯性系的同时性。我们说经典力学的时间是绝对的，就是这个意思。根据狭义相对论，情况则有所不同。与一个给定事件同时的所有事件虽然相对于一个特定的惯性系是存在的，但它不再与惯性系的选择无关。现在，四维连续区不再能够客观地分解为包含所有同时事件的片段；"现在"对于有空间广延的世界而言失去了其客观意义。与此相关的是，要想表达客观关系的内容而不带有不必要的任意性，就必须把空间和时间看成客观上不可分解的四维连续区。

狭义相对论揭示了一切惯性系的物理等价性，从而证明静止以太的假说是站不住脚的。因此，必须放弃把电磁场看成物质载体的状态的观点。就这样，场变成了物理描述的一种不可还原的要素，就像在牛顿理论中物质概念不可还原一样。

到目前为止，我们一直在关注狭义相对论在何种程度上修改了空间和时间概念。现在我们来看看狭义相对论从经典力学中吸收的要素。这里也仅在惯性系被当作空时描述的基础时，自然定律才能说是有效的。只有相对于一个**惯性系**，惯性原理和光速恒定原理才是有效的。场定律也只有相对于惯性系才能说是有意义的和有效的。因此和在经典力学中一样，在狭义相对论中，空间也是表述物理实在的一个独立分组。如果设想把物质和场移走，那么（惯性）空间（或者说得更确切些，这个空间连同所属的时间）依然会留下来。这个四维结构（闵可夫斯基空间）被视为物质和场的载体。各个惯性空间连同所属的时间仅仅是通过线性洛伦兹变换彼此联系起来的优先的四维坐标系。既然在这个四维结构中不再有客观地表示"现在"的片段，发生和变化的概念并非完全被抛弃，而是变得更加复杂了。因此，把物理实在设想成一个四维存在，而不是像迄今为止那样将其看成一个三维存在的**演化**，似乎更自然些。

　　狭义相对论的这个刚性的四维空间在某种程度上类似于洛伦兹的刚性三维以太。对于狭义相对论而言，以下陈述也是有效的：对物理状态的描述假定空间从一开始就是给定的，而且是独立存在的。因此，即使是狭义相对论也没有消除笛卡尔对"空的空间"独立存在甚至是先验存在所怀有的不安。这里所作的初步讨论的真正目的就是要说明广义相对论在多大程度上克服了这些疑虑。

　　广义相对论中的空间概念。广义相对论首先源于力图理解惯性质量与引力质量的相等。我们从一个惯性系 S_1 说起，它的空间从物理上讲是空的。也就是说，在这部分空间中既没有（通常意义上的）物质，也没有狭义相对论意义上的场。相对于 S_1 有另一个参照系 S_2 作匀加速运动。于是 S_2 不是一个惯性系。相对于 S_2，每一个试验物体都在作加速运动，其加速度与物体的物理和化学性质无关。因此相对于 S_2（至少就第一级近似而言）存在着一种与引力场无法区分的状态。于是以下理解与可知觉的事态是相符的：S_2 也与一个"惯性系"等价，只不过相对于 S_2 存在着一个（同质的）引力场（关于这个引力场的起源，这里不必去管）。因此，当引力场被包含在思想框架之中时，惯性系就失去了其客观意义，假定这个"等效原理"可以扩展到参照系的任何相对运动。如果在这些基本思想的基础上能够建立起一种一致的理论，那么该理论本身将满足惯性质量与引力质量相等这个已有充分经验证据的事实。

从四维的观点来看，四个坐标的一种非线性变换对应于从 S_1 到 S_2 的过渡。现在产生了一个问题：什么样的非线性变换是容许的，或者说，如何对洛伦兹变换进行推广？要想回答这个问题，以下思考具有决定性的意义。

我们把这样一种性质归于早先理论中的惯性系：坐标差由（静止的）"刚性"量杆测量，时间差由（静止的）钟测量。第一个假定还须补充以另一个假定，即欧几里得几何学关于"距离"的诸定理对于静止量杆可能的相对放置是成立的。经过初步思考，我们可以由狭义相对论的结果得出以下结论：对于相对于惯性系（S_1）作加速运动的参照系（S_2）而言，对坐标的这种直接的物理解释失去了。但如果这是实际情况，那么坐标只是表示了"邻接"的秩序（以及空间的维度等级），而根本没有表示空间的度规性质。这样我们就把变换推广到了任意的连续变换。[1] 这蕴含着广义相对性原理。自然定律相对于任意连续的坐标变换必须是协变的。这个要求（以及要求自然定律应具有最大可能的逻辑简单性）远比狭义

1　这种不大精确的表达方式在这里也许已经足够。

相对性原理更强地限制了所考察的自然定律。

　　这一思路本质上建立在作为一个独立概念的场的基础上。因为相对于 S_2 有效的情况被解释为引力场，而不问产生这个场的质量是否存在。这一思路也使我们理解了为什么与一般的场（例如有电磁场存在时）的定律相比，纯引力场定律与广义相对论有更直接的联系。也就是说，我们有充分的理由认为，"没有场"的闵可夫斯基空间代表着自然定律的一种可能的特殊情形，即可能设想的最简单的特殊情形。就其度规性质而言，这一空间的特性可以这样来刻画：$dx_1^2 + dx_2^2 + dx_3^2$ 是一个三维类空截面上无限接近的两点（用单位尺寸量出的）空间间隔的平方（毕达哥拉斯定律），而 dx_4 则是具有共同的 (x_1, x_2, x_3) 的两个事件的（用适当时间标准量出的）时间间隔。这一切意味着下面这个量

$$ds^2 = dx_1^2 + dx_2^2 + dx_3^2 - dx_4^2 \tag{1}$$

　　具有了一种客观的度规意义，这一点很容易借助于洛伦兹变换来说明。这个事实在数学上对应于一种情况：ds^2 相对于洛伦兹变换是不变的。

　　如果在广义相对性原理的意义上让这个空间作一任意持续的坐标变换，那么这个具有客观意义的量在新坐标系中由

以下关系表示：

$$ds^2 = g_{ik}dx_i\,dx_k \qquad\qquad (1a)$$

此式右边要对指标 i 和 k 从 11，12，…直到 44 的全部组合求和。这里 g_{ik} 并非常数，而是坐标的函数，由任意选定的变换来确定。然而，g_{ik} 并非新坐标的任意函数，而是必须使公式（1a）经过四个坐标的持续变换仍能变回到公式（1）。为此，函数 g_{ik} 必须满足某些广义协变的条件方程，这些方程是黎曼在广义相对论建立之前半个多世纪导出的（"黎曼条件"）。根据等效原理，当函数 g_{ik} 满足黎曼条件时，（1a）就以广义协变形式描述了一种特殊的引力场。

于是，一般类型的纯引力场的定律必须满足以下条件。当黎曼条件满足时，该定律必须被满足；但它必须比黎曼条件更弱或者说受限制较少。由此，纯引力场的定律实际上可以完全确定，这一结论我们这里不做进一步论证了。

现在我们已经可以看到，到广义相对论的过渡对空间概念作了多大程度的改变。根据经典力学以及根据狭义相对论，空间（空间-时间）独立于物质或场而存在。为了能够描述充满空间且依赖于坐标的东西，必须预先认为空间-时间或惯性系同其度规性质已经存在，因为否则的话，对"充满空间的东西"的描述就没有意义。[1]而根据广义相对论，与依赖于坐标的"充满空间的东西"相对立的空间是没有独立存在性的。例如，通过解引力方程，我们用 g_{ik}（作为坐标的函数）来描述一个纯引力场。如果设想将引力即函数 g_{ik} 移去，那么留下的将不是（1）型的空间，而是绝对的**无**，也不是"拓扑空间"。因为函数 g_{ik} 不仅描述场，而且同时也描述拓扑和度规结构——这个流形的性质。在广义相对论的意义上，（1）型的空间并不是一个没有场的空间，而是 g_{ik} 场的一种特殊情形，对于这种特殊情形，函数 g_{ik}——对于所使用的本身并无客观意义的坐标系而言——具有不依赖于坐标的值。一个空的空间，亦即没有场的空间，是不存在的。

因此，笛卡尔认为空的空间必定不存在，这种看法并非完全不合理。只要完全从有重物体来理解物理实在，这种看法就会显得荒谬。只有认为场代表了实在，再结合广义相对性原理，才能揭示笛卡尔思想的真正核心："没有场"的空间是不存在的。

推广的引力论。由此，基于广义相对论的纯引力场理论已经不难获得，因为我们可以确信，"没有场"的闵可夫斯基空间及其符合（1）的度规必定满足场的一般定律。通过一种

1　如果设想将充满空间的东西（例如场）移去，那么根据（1），度规空间仍将留下来，它也将确定进入这个空间的试验物体的惯性行为。

绝非任意的推广，由这种特殊情形可以导出引力定律。理论的进一步发展并没有被广义相对性原理清楚地确定；在过去几十年中，人们曾经沿着不同方向作了尝试。所有这些尝试的共同之处是把物理实在看成一个场，这个场是引力场的一种推广，场定律则是纯引力场定律的一种推广。经过长期摸索，我相信现在已经找到了这种推广的最自然的形式，[1] 但还无法确定这个推广的定律能否经得起经验事实的检验。

在上述一般讨论中，特殊的场定律的问题是次要的。目前的主要问题是，这里所设想的场论究竟能否达到目标。我们指的是一种能够彻底描述物理实在（包括四维空间）的理论。关于这个问题，目前这一代物理学家倾向于作出否定的回答。根据当前形式的量子理论，他们认为一个体系的状态是不能直接描述的，而只能通过关于该体系的测量结果的统计数据而作间接描述。流行的看法是，只有对实在的概念作这样一种削弱，才能获得已由实验证实的自然的二重性（粒子结构和波动结构）。我认为根据我们的实际知识，目前还没有理由作出如此深远的理论放弃，在相对论性场论的道路上，我们不应半途而废。

1　这种推广的特点可以表述如下。根据从空的"闵可夫斯基空间"的推导，g_{ik} 的纯引力场必须具有对称性质 $g_{ik}=g_{ki}$（$g_{12}=g_{21}$，…）。推广的场也与纯引力场同样，只是没有上述对称性质。场定律的推导与纯引力的特殊情形的推导完全类似。

阿尔伯特·爱因斯坦

by Hermann Struck, 1923

1879——1955

ALBERT EINSTEIN

- 犹太裔理论物理学家
- 现代物理学的开创者和奠基人，1921 年诺贝尔物理学奖获得者
- 因创立相对论而闻名于世，被公认为有史以来最伟大的科学家之一
- 1999 年 12 月，被美国《时代周刊》评选为"世纪伟人"

01 »

14 岁
就掌握了
微积分

14 岁的爱因斯坦

　　爱因斯坦在很小的时候就展现出物理和数学方面的天赋。

　　12 岁时，他开始自学代数、微积分和欧几里得几何，13 岁之前就发现了勾股定理的原始证明。爱因斯坦的家庭教师说，他给了爱因斯坦一本几何课本，不久后这个男孩就把整本书都看完了，然后开始自学大学数学。

　　14 岁，当别人刚开始学习中学数学的时候，爱因斯坦已经掌握了微积分。

毕业
第一份工作是

专利员

21岁从苏黎世联邦理工学院毕业后，爱因斯坦花了两年时间来求职，但一直没能找到合适的岗位。直到两年后，他终于申请到人生第一份工作——在瑞士专利局当专利审查员。

这份工作虽然不起眼，但对爱因斯坦来说却格外合适，让他有充足的业余时间用来做物理研究。

专利员的工作一做就是七年。1909年，离开学校近十年之后，爱因斯坦才正式离开专利局，在苏黎士大学获得了一个副教授的职位。

03

26 岁
迎来人生

奇迹
之年

1905 年，26 岁的爱因斯坦在做专利审查员期间，发表了四篇革命性的论文，第一次提出了狭义相对论以及那个著名的公式，$E=mc^2$。

这些发现奠定了相对论的基础，标志着爱因斯坦登上物理世界的舞台。因此，1905 年也被称为爱因斯坦

人生的"奇迹之年"（annus mirabilis），和历史上的 1666 年一样精彩——那一年，牛顿在苹果树下思考，发现了万有引力。

EINE NEUE BESTIMMUNG
DER MOLEKÜLDIMENSIONEN

INAUGURAL-DISSERTATION
ZUR
ERLANGUNG DER PHILOSOPHISCHEN DOKTORWÜRDE
DER
HOHEN PHILOSOPISCHEN FAKULTÄT
(MATHEMATISCH-NATURWISSENSCHAFTLICHE SEKTION)
DER
UNIVERSITÄT ZÜRICH

VORGELEGT
VON
ALBERT EINSTEIN
AUS ZÜRICH

Begutachtet von den Herren Prof. Dr. A. KLEINER
und
Prof. Dr. H. BURKHARDT

BERN
BUCHDRUCKEREI K. J. WYSS
1905

爱因斯坦 1905 年论文《关于分子尺度的一种新定义》

1921 年，爱因斯坦获得了诺贝尔物理学奖，但不是因为相对论。

由于爱因斯坦的反战立场和犹太人身份，他成了一战战败的德国一些科学家攻击的对象。他们认为相对论缺乏足够的实验支持，如果给相对论颁奖，他们就退回已获的诺奖奖章。后来，评委会找到了一个解决办法，让爱因斯坦由于"阐明光电效应原理"而得奖。

光电效应也是爱因斯坦的重要科学发现。1905 年的一篇论文中，他首次提出光量子（光子）概念以解释光电效应的规律，为量子理论的建立踏出了弥足关键的一步。

爱因斯坦获得 1921 年诺贝尔物理学奖后的官方肖像

04

42 岁获得

诺贝尔奖

但不是因为相对论

希特勒上台当天，成功

逃离德国

05

漫画《爱因斯坦拿起剑》，表现爱因斯坦放弃"不抵抗的和平主义"，拿起剑直指纳粹

1932 年的德国，纳粹党不断煽动民众的右翼战争思想，很多公开抨击纳粹的科学家、哲学家，都被抓起来以叛国罪处理。

纳粹宣布"德国所有大学的所有犹太教授必须解职"，爱因斯坦也在其中。德国学生公开焚烧爱因斯坦的作品，一家德国杂志甚至将他列入德国政权的敌人名单，悬赏 5000 美元要他的人头。

1933 年，希特勒上台当天，爱因斯坦正乘飞机从美国返回欧洲的途中。他知道他不能再回到德国了，在比利时安特卫普降落后，立即前往德国领事馆，交出护照，正式放弃了德国国籍。

爱因斯坦对纳粹的迫害和法西斯的威胁深感忧虑，曾经在 1939 年和几名科学家联名致信罗斯福总统，建议美国务必抢在德国之前制造出原子弹。

1945 年，当得知日本广岛和长崎遭到原子弹轰炸后，他深感痛苦和悔恨："如果知道德国人不会成功制造出原子弹，我绝不会动一根手指。"

爱因斯坦和奥本海默。奥本海默是研制原子弹的"曼哈顿计划"负责人

他后来成为世界和平委员会的主要发起人之一，并呼吁建立一个世界政府，以避免核战争的危险。他说："如果想让人类生存下去，我们需要一种新的思维方式。"

06

原子弹

曾致信美国总统建议研制

爱因斯坦从德国流亡美国后，在普林斯顿大学高等研究院任职，并在来美第八年加入了美国国籍。

但他对和平主义、民权运动和左翼事业的支持，令美国联邦调查局怀疑他是来自苏联的间谍，对他的秘密调查整整持续了23年。FBI特工监听他的电话，窃取他的邮件，翻遍他的垃圾，希望能抓住证据。到1955年爱因斯坦去世时，他的调查档案已经多达1800页。

1940年，法官给予爱因斯坦美国公民身份证明

07

被美国

联邦
调查局

监视了几十年

08

小提琴手

是科学家，也是优秀的

爱因斯坦的母亲是一名钢琴教师，他6岁时，母亲就让他学习拉小提琴，但他这个时候兴趣不大。直到13岁，他听到莫扎特的小提琴奏鸣曲，从此迷恋上了莫扎特的作品，更愿意钻研音乐。

音乐在爱因斯坦的生活中扮演了重要角色，繁忙的科研工作之余，拉小提琴是他主要的休闲方式，也成了他的灵感来源。他曾在日记中写道："如果我不是物理学者，我可能会成为音乐家。

爱因斯坦拉小提琴，
1927 年

我经常在音乐中思考，在音乐中做白日梦，从音乐的角度看待生活……我从音乐中获得了生命中最大的快乐。"

1919 年，爱因斯坦的相对论就已经传播到中国。1921 年，梁启超主编的《改造》第 3 卷第 8 号，特别命名为"相对论号"，由徐志摩撰写长文，向国内读者隆重推介。

1922 年冬天，爱因斯坦应北京大学校长蔡元培邀请来访中国，经停上海。可惜由于种种原因，未能前往北大参与学术聚会。

日军侵华时，爱因斯坦与罗素等人于 1938 年 1 月 5 日在英国发表联合声明，呼吁世界援助中国。同年 6 月，他又与罗斯福总统长子共同发起"援助中国委员会"，在美国 2000 个城镇开展援华募捐。

09

中国情缘

10

去世后，

大脑
被人偷走

1955 年 4 月 18 日，爱因斯坦在普林斯顿大学医学中心去世，享年 76 岁。

在尸检过程中，病理学医生哈维在未经爱因斯坦家人允许的情况下取出了他的大脑，带到了费城，切成 240 块，分放于两个罐子里，

储存在地下室中，后来又寄给世界各地的研究人员。哈维希望未来的神经科学家能够发现，为什么爱因斯坦如此聪明。

他近乎纯粹，毫不世故……

他总是保有一种奇妙的纯洁，有点孩子气，
又非常倔强。

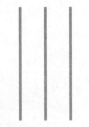

核物理学家

J. 罗伯特·奥本海默

—

联合国教科文组织
纪念爱因斯坦的演讲
1965 年 12 月 13 日

相对论

作者 _ [美] 爱因斯坦　译者 _ 张卜天

产品经理 _ 周奥扬　　装帧设计 _ 别境 Lab　　技术编辑 _ 顾逸飞
责任印制 _ 梁拥军　　出品人 _ 许文婷

营销团队 _ 王维思 谢蕴琦

果麦
www.guomai.cn

以 微 小 的 力 量 推 动 文 明

图书在版编目(CIP)数据

相对论/(美)爱因斯坦著;张卜天译. —北京:商务
印书馆,2024(2024.9重印)
ISBN 978-7-100-22718-6

Ⅰ.①相… Ⅱ.①爱…②张… Ⅲ.①狭义相对论
②广义相对论 Ⅳ.①O412.1

中国国家版本馆 CIP 数据核字(2023)第 127696 号

相对论
〔美〕爱因斯坦 著

张卜天 译

商 务 印 书 馆 出 版
(北京王府井大街 36 号 邮政编码 100710)
商 务 印 书 馆 发 行
河北鹏润印刷有限公司印刷
ISBN 978-7-100-22718-6

2024 年 5 月第 1 版 开本 880×1230 1/32
2024 年 9 月第 2 次印刷 印张 5¾ 插页 1
定价:48.00 元

"不过,"他说,"我尽量用最简单的方式进行讲解。首先,让我们来看看我提出的概念与牛顿万有引力定律之间的区别。请想象一下,地球被移开,在它的位置上悬挂着一个像房间或整个房子那么大的盒子,里面有一个人自然地漂浮在中间,没有任何拉动他的力量。再想象一下,这个箱子被一根绳子或其他装置突然拉向一边,这在科学上被称为'非匀速运动',而不是'匀速运动'。这个人就会自然而然地到达另一边的底部。结果将与他遵循牛顿的万有引力定律相同,而事实上并没有施加任何重力,这证明非匀速运动在任何情况下都会产生和重力相同的效果。

"我把这个新理念应用于每一种非匀速运动,并由此发展出一些数学公式,我相信这些公式比基于牛顿理论的公式给出的结果更精确。然而,与运用牛顿公式的结果如此近似,以至于通过观察很难发现与实际经验有明显的不一致。

"然而有一个典型的例子,长期以来,水星的运动困扰着天文学家。但通过我的公式,这个问题现在完全得到解决,正如皇家天文学家弗兰克·戴森爵士在皇家学会的会议上所述。另一个例子是光线在穿过引力场时发生的偏转。牛顿的万有引力理论无法解释这种偏转。根据我的非匀速运动理论,当光线接近任何有引力的物体时,一定会发生这样的偏转,即非匀速运动开始起作用。"

A. Einstein

reat Scientists

科学大师

······································

爱因斯坦亲自解读
他的新理论

EINSTEIN EXPOUNDS
HIS NEW THEORY

···············

译自
《纽约时报》（ *The New York Times* ）
1919年12月3日，第19版

[2/2]

A. Einstein